U0202027

长庆低渗透油田采出水处理工艺技术

主　编　吴志斌　李　佩　王国柱　查广平

编　者　杨　涛　王潜忠　郭志强　白红升　冯启涛　种法国
　　　　　张　帆　杜　杰　张　超　潘新建　熊　超　王彦斌
　　　　　何志英　王莉娜　郭晓洁　薛　洁　白建军　徐礼萍
　　　　　伏渭娜　王　超　王凌匀　曾　芮　吴琛楠　贾　彬
　　　　　田　园　黄　昱　李奇宸　李堪运　谢　敏　赵浩阳

西北工业大学出版社

西安

图书在版编目(CIP)数据

长庆低渗透油田采出水处理工艺技术 / 吴志斌等主编.—西安：西北工业大学出版社，2022.8

ISBN 978-7-5612-8321-9

Ⅰ.①长… Ⅱ.①吴… Ⅲ.①低渗透油层-石油开采-水处理 Ⅳ.①TE348

中国版本图书馆 CIP 数据核字(2022)第 149490 号

CHANGQING DISHENTOU YOUTIAN CAICHUSHUI CHULI GONGYI JISHU

长庆低渗透油田采出水处理工艺技术

吴志斌　李佩　王国柱　查广平　主编

责任编辑：胡莉巾		策划编辑：黄　佩	
责任校对：张　潼		装帧设计：李　飞	

出版发行：西北工业大学出版社

通信地址：西安市友谊西路 127 号　　　　邮编：710072

电　　话：(029)88493844　88491757

网　　址：www.nwpup.com

印 刷 者：西安五星印刷有限公司

开　　本：787 mm×1 092 mm　　　1/16

印　　张：9.25

字　　数：237 千字

版　　次：2022 年 8 月第 1 版　　　2022 年 8 月第 1 次印刷

书　　号：ISBN 978-7-5612-8321-9

定　　价：52.00 元

如有印装问题请与出版社联系调换

前　　言

　　长庆油田地处鄂尔多斯盆地,横跨陕、甘、宁、蒙、晋五省(区),勘探总面积约 37 万 km²,属典型的"低渗、低压、低丰度"油藏,地形条件复杂,自 1970 年勘探开发,至 2021 年,油气当量达到 6 244 万 t/a,首次攀上 6 200 万 t/a 新高峰,创造了我国非常规油气田高效发开的奇迹,开创了中国石油工业发展史上的新纪元。

　　对于长庆油田,结合实际情况,历代长庆人研究、应用了适应低渗透油田特点的采出水处理工艺技术,将采出水处理达标后回注地层补充能量,不仅可以满足油田开发注水量日益增长的需求,也达到了节约清水资源、提高水的循环利用效率的目的,具有显著的经济效益。长庆油田采出水处理通过半个多世纪的发展,形成了点多面广、规模庞大的采出水地面工程系统。为总结多年来的技术成果和管理经验,便于从事油田地面水系统的生产管理和工程技术人员借鉴与参考,我们组织编写了《长庆低渗透油田采出水处理工艺技术》一书。

　　全书共八章,由吴志斌、李佩、王国柱、查广平任主编,具体编写分工如下:第一章由杨涛、王潜忠、郭志强、白红升、吴志斌、张帆、熊超、王凌匀、曾芮编写;第二章由吴志斌、潘新建、杨涛、郭志强、熊超、查广平、种法国、杜杰、王彦斌、徐礼萍编写;第三章由吴志斌、潘新建、杨涛、郭志强、张超、伏渭娜、吴琛楠、贾彬、谢敏编写;第四章由吴志斌、郭志强、张帆、潘新建、查广平、杜杰、种法国、张超、何志英、赵浩阳编写;第五章由冯启涛、吴志斌、查广平、张帆、谢敏、赵浩阳编写;第六章由吴志斌、冯启涛、查广平、王莉娜、王超、田园、黄昱编写;第七章由杨涛、王潜忠、白红升、吴志斌、张超、杜杰、白建军、郭晓洁、薛洁、李奇宸编写;第八章由吴志斌、查广平、李堪运、赵浩阳、谢敏编写。全书由吴志斌统稿,李佩、王国柱对全书进行了审阅。

　　本书初稿完成后,长庆工程设计有限公司的常志波、王荣敏两位专家对全稿提出了许多宝贵的指导性修改意见,在此表示衷心感谢。

　　由于本书涉及技术领域广泛,加之笔者水平有限,书中难免存在不足之处,恳请广大读者多提宝贵意见,共同促进低渗透油田采出水处理工艺技术的不断提高。

编　者

2022 年 4 月

目　　录

第一章 概 述

第一节 长庆油田概况

一、地理位置及资源概况

长庆油田横跨陕、甘、宁、蒙、晋五省（区），勘探总面积约 37 万 km²，其中陕西省的勘探面积为 11 万 km²，甘肃省的勘探面积为 4 万 km²，宁夏回族自治区的勘探面积为 5 万 km²，内蒙古自治区的勘探面积为 15 万 km²，山西省的勘探面积为 2 万 km²。勘探总面积占全国陆地总面积的近 4%。

长庆油田所处的鄂尔多斯盆地，原油总资源量约为 86 亿 t，主要分布于该盆地南部 10 万 km² 区域范围内，其中陕西省约占总储量的 78.7%，甘肃省约占总储量的 19.2%，宁夏回族自治区约占总储量的 2.1%。从盆地构造特征来看，西降东升，非常平缓，每千米坡降不足 1°。盆地油气聚集特征是半盆油、满盆气，南油北气、上油下气，纵向上含油层系有"四层楼"之说，因此鄂尔多斯盆地有"聚宝盆"之美誉。

二、自然环境

长庆油田石油资源位于鄂尔多斯盆地，所在区域地貌为陕北黄土高原。陕北黄土高原是在中古代沉积岩石所构成的古地形基础上，覆盖了第三系红黏土和很厚的第四系黄土层，再经河流水系的切割和土壤侵蚀而形成的。黄土地形切割严重，是以梁峁为主的梁峁沟壑丘陵区。因黄土冲沟的溯源侵蚀，梁间往往形成狭窄的腰岘，梁峁相接形成的长梁一般为分水岭，长梁间为水系切割成的河谷区，梁与河谷间为黄土斜坡，海拔在 1 000～1 800 m。黄土高原地形地貌如图 1-1 所示。

鄂尔多斯高原隆起是一稳定地块，地壳运动以稳定抬升为主，区域内活动断裂不发育。鄂尔多斯盆地是奠基在古老的华北陆台之上，于中生代独立发展起来的中生代内陆坳陷，经历了晚三叠世和早侏罗世内陆湖盆沉积阶段，中晚侏罗世至早白垩世，内陆湖盆开始水体变浅、退缩和衰亡。从侏罗纪至早白垩世，发生多幕燕山运动，沉积中心不断向西迁移，区域构造发生东翘西降的抬升，地层微弱西倾，构成一个东翼宽缓、西翼陡窄的巨型台向斜。向斜轴部大致位于鄂托克旗—天池—环县一带，往东为平缓西倾大单斜，构造走向近南北（SN），中生界地层自晋西黄河西岸依序出露了三叠系、侏罗系和白垩系。鄂尔多斯盆地是干旱地区一个相对独立的自然单元,盆地为阴山、秦岭、吕梁山、贺兰山和六盘山系环绕,黄河流经盆地西、北、东三面,总体形态为南北长,东西窄。

图 1-1 黄土高原地形地貌

长庆油田所在区域位于鄂尔多斯隆起的东南部,即陕北黄土高原。高原的河谷两岸出露有中生代陆相地层,在古生代与中生代地层之上有少量第三系红色泥岩覆盖,在河谷局部地段出露。陕北黄土高原的老地层仅出露于河谷地段,上覆大面积巨厚的第四系风积黄土。

长庆油田油区的北部为沙漠草原,南部仍为黄土高原。北部沙漠草原区域向西北过渡为棕钙土半荒漠地带,向西南到盐池一带过渡为灰钙土半荒漠地带,向东南过渡为黄土高原暖温带灰褐土森林草原地带,流沙和巴拉(半固定和固定沙丘)广泛分布。年平均气温 6.0~8.5℃,7 月平均气温 22~24℃,年降水量 250~440 mm,年蒸发量 2 400 mm 左右。常年多风,光照十分充足,全年日照约为 2 800 h。生态环境脆弱,植被贫乏,环境自净能力差,一旦由于自然或人为原因产生污染事故,则损失大、影响广、恢复难。

长庆油田油区的南部为黄土高原区域,黄土厚 50~180 m,黄土物质疏松,具垂直节理,植被稀疏,水土流失严重,易遭受侵蚀,沟壑纵横,形态复杂。年平均降雨量一般为 300~600 mm,年蒸发量大于 1 000 mm,年平均气温 4~12℃。其蒸发量显著大于降水量,属于半干旱缺水地区,具有干旱半干旱荒漠生态、黄土高原生态、平原耕地生态等特征,生态脆弱,一旦受到扰动极难恢复。

陕北黄土高原所在的鄂尔多斯中生代盆地为一稳定地块,区内只有一些零星小震,震级为

6 级,抗震设防烈度为 6 度。长庆油田所处鄂尔多斯盆地区域气候类型为暖温带半干旱大陆性季风气候。一般春季东南季风盛行,冬季西北季风盛行;冬季长而寒冷,夏季短而酷热,昼夜温差大。

区域具有明显的大陆性季风气候特点,即有春旱、温度变化大,夏短、降水量集中,秋湿、气温下降快,冬长、降水量稀少的四季变化特点。极端最高气温 40.5℃,极端最低气温－29.7℃。长庆油田各属地 1981－2010 年气象要素统计见表 1-1。

表 1-1 长庆油田各属地 1981－2010 年气象要素统计表

气象要素		单位	地 名												
			榆阳	定边	靖边	延安	吴起	志丹	安塞	盐池	西峰	环县	庆城	镇原	华池
平均气压		hPa	886.2	863.7	867.8	908	868.5	879.8	895.9	866.0	858.6	875.9	893.1	884.8	874.6
气温	年平均	℃	8.8	8.8	8.8	10.4	8.2	8.4	9.2	8.3	9.2	9.2	9.9	10	8.7
	极端最高	℃	39	37.7	36.4	39.3	38.3	37.3	38.3	37.5	36.4	36	38.1	38.3	38
	极端最低	℃	－29.7	－29.1	－27.3	－23	－28.5	－28.7	－25.5	－28.5	－21.4	－25.1	－25.4	－23.3	－26.5
	年最冷月平均	℃	－8.7	－7.3	－7	－5	－7.2	－7	－6.5	－7.3	－4.2	－5.9	－4.9	－4.2	－6.4
	年最热月平均	℃	23.7	22.9	22.4	23.6	21.9	21.9	22.7	22.9	21.4	22.7	23.1	22.9	22.2
平均相对湿度		%	54	51	52	59	60	62	61	50	62	59	63	64	62
年平均降水量		mm	383.6	324.5	384.7	514.5	442.6	471.9	506.6	273.5	527.6	409.5	495.6	470.2	470.7
最大日降雨量		mm	105.7	107.4	113.2	139.9	113.4	81.9	126	107.4	115.9	93.2	159.2	105.1	130.9
年平均蒸发量		mm	1 932.7	2 275.1	1 957.9	1 638.9	1 576.7	1 511.7	1 668	2 041.8	1 466.8	1 702.4	1 584.5	1 553.8	1 565.9
风速	平均	m/s	2.1	3.1	2.3	1.6	1.4	1.2	1.7	2.6	2.3	1.7	1.8	1.5	1.5
	最大	m/s	19	23	16	15	17	22.3	21	22.0	15	14.7	15.8	10.3	8.9
	最多风向		SSE	S	SSW	SW	NNW	S	NNW	W	S	SE	NW	NW	N, NNW
地面温度	平均	℃	11	11.1	11	12.4	10.5	10.7	11.4	10.4	11.1	11.4	12.5	12.4	11.5
	极端最高	℃	72	71.7	68.4	67.5	67.2	66.6	67.7	70.5	66.2	72.7	71.4	70.2	69
	极端最低	℃	－39.7	－33.7	－37.1	－29.7	－36	－37.3	－35	－36.8	－28.3	－32.3	－33.9	－28.3	－31
日照时数		h	2 671.9	2 686.3	2 708	2 507.9	2 240.9	2 331.8	2 367.1	2 892.1	2 438.2	2 527.7	2 511.5	2 362.8	2 262.6
大风日数		d	12.6	19.5	4.3	0.3	9.3	4.6	9.1	12.3	2.2	5.4	6.9	1.6	0.4
雷暴日数		d	28	19.5	24.2	26.7	28.6	26.9	29.1	18.8	22.2	23	24.4	19.9	20.3
霜日数		d	82.4	53.5	45.2	101.8	119.8	122.9	104.5	55	127.2	95.4	112.3	116.5	102
最大积雪深度		cm	16	13	13	12	15	13	14	12	23	15	20	18	14
冻深	标准冻深	cm	103	85	79	56	77	82	70	85	54.4	78.8	66.4	49.9	56.5
	最大冻深	cm	144	108	115	77	97	100	91	121	74	110	86	63	80

水文是构成自然条件的重要组成部分,它是各种自然条件综合影响的产物。随着地区的不同、自然条件的变化,水文条件有着明显的差异,并表现出特有的地区特征。

鄂尔多斯盆地属黄河流域,黄河沿盆地周缘流过,内部发育有几百条支流,多数集中在中南部,即黄土高原地区。

长庆油田区域水系见表1-2。

表1-2 长庆油田区域水系表

	一级支流	二级支流	三级支流	四级支流
黄河	渭河	泾河	马莲河	环江河
				柔远河
			洪河	
			黑河	交口河
				茹河
				浦河
		洛河	周河	
			沮河	
			葫芦河	
	延河	杏子河	岔路川	
			长尾河	
		西川河		
		丰富川		
	无定河	芦河		
		大理河	小理河	
			槐树岔沟	
		淮宁河	清水沟河	
			沙河沟	
		榆溪河	芹河	
			白河	

对油田区域(油区)内主要水系概况及基本特征简述如下:

无定河:黄河的一级支流,发源于定边县东南白于山的长春梁东麓,于清涧县高杰村乡河口村汇入黄河,主要支流有芦河、大理河、淮宁河和榆溪河等。

洛河:发源于定边县白于山南麓,由西北流向东南,经吴起、志丹、甘泉、富县、洛川、黄陵及宜君等县,纵贯陕北地区西南部。

延河:发源于靖边县天赐湾公社周山,由西北向东南流,经志丹、安塞、延安,于延长县南河沟凉水岸附近汇入黄河。

泾河:陇东地区最大的河流,属黄河二级支流,发源于宁夏回族自治区泾源县的老龙潭,流经甘肃省平凉、泾川,于浦河口进入宁县的长庆桥,从正宁县周家乡进入陕西长武向东流去。它的支流在该区尤为发育,主要有马莲河、蒲河、茹河、洪河,这些河流是该区水系的主干,同时各条河又发育着多条冲沟和支流,形成了密如蜘蛛网的水系网,形态似树枝状。

长庆油田油区内河流绝大多数发源于白于山和子午岭两条分水岭。河流的流向呈 SN、

WN—ES 和 EN—WS 向。由于河流的源头不同,流经的地理环境不同,因此,它们的流域面积、比降等参数各异。长庆油田油区内主要河流的基本参数见表 1-3。

表 1-3 油区内主要河流基本参数

河 名	长度/km	流域面积/km²	平均比降/‰	多年平均径流量/10⁹ m³
无定河	491.0	30 260.0	1.97	15.3 亿
洛河	650.6	24 694.4	1.98	—
延河	286.9	7 725.0	6.7	2.94
泾河	455.1	17 324.0	3.36	9.783 0

总体看来,油区水系有以下特征:

受六盘山、白于山、子午岭的限制和影响,区内地势西北高东南低,因此,河流顺应地貌的总趋势,分别由西北流经油区并向东南汇入泾河、渭河,或由西向东注入黄河。整个流域属于黄河水系。

区内黄土覆盖面积广泛,且土层厚度大。除主干流外,次级支流、毛沟、冲沟极为发育,构成树枝状水系网。这些支流、毛沟、冲沟大多属于季节性冲沟。雨季丰水期加快了干流的集流速度而形成洪水;旱季枯水季节不能补给干流,是干流在一年内的最低水位期。总之,河流在一年内的流量变化悬殊。

黄土高原梁峁沟壑区由于受暖温带半干旱大陆性季风气候的影响,降雨少且集中,往往形成洪水并具有来势猛、冲刷力大、历时短的特点。因此,小冲沟、毛沟在流水强烈下切冲刷作用下,形成下游比上游沟谷更狭窄、坡降更大的反常现象。

三、交通、人文、经济概况

长庆油田油区以南北向的 210 国道、211 国道及东西向的 307 国道、309 国道、312 国道构成公路交通运输的主框架,以纵横交错的省级、县级公路为辅,南北向的西延线、神延线铁路及西安—延安—榆林高等级公路都为长庆油田的产能建设及地面建设的顺利实施提供了多层次的交通运输保证。

长庆油田所在区内居民以汉族为主,同时回、蒙古、满、藏等多民族聚居。其中长城以北内蒙古地区人口稀少,为蒙古、汉杂居区,以畜牧业为主。宁夏地区回、汉杂居,为黄河灌区,稻田遍布,素有"塞上江南"之称,畜牧业发达,滩羊毛在国内享有盛名。甘肃陇东与陕北地区均以汉族为主。甘肃陇东土层深厚,土地肥沃,日光充足,盛产小麦,是省内"粮仓"之一。陕北是农牧结合区,小米、糜子是陕北名产,经济作物以胡麻为主,羊的数量约占陕西全省的 80%。

在未开发石油资源以前,鄂尔多斯盆地内大部分地区以农业为主,经济落后,不少地区为贫困地区,当地居民以农业、畜牧业为主要收入来源,城镇建设落后。自 2000 年以来,依靠石油资源的开发,城乡居民的生活及居住环境都发生了天翻地覆的变化。如延安市的吴起、志丹、安塞,榆林市的靖边、定边,庆阳市的庆城、华池、合水、西峰、环县等地区,以石油开发带动了经济大发展,成为不以农业为主,而以工业及服务业为主的现代化新城市。

四、油田开发概况

长庆油田勘探开发建设始于 1970 年,主要开发区域位于鄂尔多斯盆地,盆地西起贺兰山脚下,东至黄河岸边,北抵阴山南麓,南至渭北高原,下至奥陶系马家沟组,上至侏罗系直罗组,地域辽阔。油藏属典型"三低"(低渗、低压、低丰度)油藏,地形条件复杂,位于黄土高原梁峁沟壑区,目前已建成陇东、西峰、宁夏、绥靖、胡尖山、姬塬、靖安、安塞、白豹等主力油田。

长庆油田油藏孔隙度小、喉道细小,属典型的低渗透、特低渗透、超低渗透油田。其开发历程可分为以下五个阶段:

第一阶段:1980 年前,开发动用 $10 \times 10^{-3} \sim 50 \times 10^{-3} \mu m^2$ 的低渗透油藏;

第二阶段:1980—1995 年,开发动用 $1.0 \times 10^{-3} \sim 10 \times 10^{-3} \mu m^2$ 的特低渗透油藏;

第三阶段:1995—2000 年,开发动用 $0.5 \times 10^{-3} \sim 1.0 \times 10^{-3} \mu m^2$ 的超低渗透油藏;

第四阶段:2000—2007 年,开发动用小于 $1.0 \times 10^{-3} \mu m^2$ 的超低渗透Ⅰ类储量;

第五阶段:2008 年起,开发动用 $0.3 \times 10^{-3} \sim 1 \times 10^{-3} \mu m^2$ 的超低渗透油藏。

油藏的特殊性以及生产方式,导致采出水具有组成性质复杂多变、腐蚀结垢严重、细菌含量高等特点。近年来,通过地质试验及油田生产实际,在提压、洗井、措施增注等技术手段的配合下,大部分油藏也基本能保证配注要求。多年来,长庆油田不断对工艺流程进行优化、改进、完善,适应了长庆油田低成本开发、大规模建设形势的要求。截至 2020 年底,长庆油田年产油气当量年突破 6 000 万 t,实现历史性跨越,创造了国内油气田产量的新纪录,树立了我国石油工业发展史上新的里程碑,开创了我国石油工业新纪元。

第二节　采出水来源

采出水大部分来自油田开采出的采出液(含水原油)的脱水工艺过程,其余的小部分来自洗井、修井等利用水相的井下作业过程(从井口产出的含油废水)。

一、洗井废水

注水井从完钻到正常注水,一般要经过排液、洗井、试注之后才能转入正常的注水。运行一定时间后,吸水能力下降,其影响因素包括以下几个方面:

1)与注水井井下作业及注水井管理操作等有关的因素;

2)与水质有关的因素;

3)组成油层的黏土矿物遇水后发生膨胀;

4)注水井区油藏压力上升。

此时,需对注水井进行洗井作业。洗井的目的是把井筒内的腐蚀物、杂质等污物冲洗出来,避免油层被污物堵塞。洗井方式分正洗和反洗两种。正洗是指水从油管进入井筒再经由套管返排至地面,反洗则是指水从套管环形空间进入井筒再经由油管返排至地面。不同注水井的洗井特点如下:

1)正常光油管注水井:吸水正常,无明显漏失现象,不出砂或轻微出砂,洗井周期6个月。

2)分层注水井:采用分层注水工艺管柱注水的水井,洗井周期3个月。

3)漏失注水井:全井或某个层段启动压力低,洗井时存在漏失情况,每小时漏失水量大于 $3\ m^3/h$。漏失注水井原则上不洗,根据具体情况确定。

4)欠注注水井:完不成配注的水井,分为低渗欠注井和近井地带存在污染堵塞欠注井两类。低渗欠注井洗井周期12个月,污染堵塞欠注井洗井周期3个月。

5)出砂注水井:因出砂影响正常注水、有冲砂历史记录、出砂且井底口袋小的井。出砂注水井原则上不洗,根据具体情况确定。

6)注聚井:注入聚合物溶液的井。注聚井原则上不洗,根据具体情况确定。

投转注井、检查井、停注井在开井前洗井;酸化增注井、调剖井按酸化增注、调剖工艺方案安排洗井;测试井在测试前3 d安排洗井;生产不正常井在出现不正常情况后5 d以内安排洗井。

洗井水量 Q_x:在无实际资料的情况下,一般按洗井周期为60 d,洗井强度为 $25\sim30\ m^3/h$,每天洗一口井计;不足60口注水井的注水站,仍按每天洗一口井计;60口井以上、120口井以下,按每天洗两口井计。

洗井废水具有以下特点:有机物、悬浮物、石油类污染物的含量均不高,水样无黏稠特性,黏度与常规水质基本相当,水样呈中性,色度、固体悬浮颗粒高,感官效果较差,相对分子质量 M_r 水平基本在 $500\sim1\ 000$ 之间,以链状类有机物为主,环状类污染物质的数量大幅度降低,说明水中有机物主要趋向于一些分子结构简单、相对分子质量 M_r 低的污染物质。

长庆油田洗井废水相对分子质量 M_r 分布特征如图1-2所示。

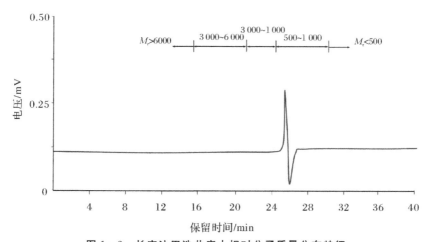

图1-2 长庆油田洗井废水相对分子质量分布特征

二、修井废水

油井生产一段时间后要进行维护保养,如清蜡、消除乳化液堵塞等,此时会从油井返排出含油采出水。

(一)损害修井

1. 解除储集层损害的修井

当井的产量在一定程度上有所降低时,应考虑进行修井,在所有的修井过程中,均应考虑对油管、井筒、射孔孔眼、储集层孔隙和储集层的裂缝系统中的堵塞,进行旁通或清除。通常的方法是用钢丝绳或油管探井底,以检测套管或裸眼井段中是否有充填物。常用解除储集层伤害的方法有:清理、补孔、化学处理、酸化、压裂,或这些方法的联合使用。

(1)结垢的清除

在水垢伤害的井中,油管结垢可用酸化、化学或扩眼的方法予以清除。对于套管射孔孔眼中的结垢,可进行补孔,必要时用化学处理或酸化的方法清除残留。

国内外采用的除垢方法主要有以下几种:

1)机械清除。一种是用钻头钻碎炮眼处致密而坚实的盐垢(重晶石和硬石膏),另一种是直接将石膏收集器置于井筒附近,与井内防垢方法(物理方法或工艺方法)配合使用。此外还有补孔和爆炸除垢等方法。

2)清水淡化。定期用清水冲洗油管和井筒,以溶解水溶性盐垢(如氯化钠等)。

3)高强声激波。利用高强声激仪产生的高强声激波震掉和击碎较松散的盐垢。

4)酸化及化学除垢法。盐垢可分为三大类:水溶性、酸溶性和可溶于除酸、水以外的某些化学剂的物质。对酸溶性盐垢,采用酸(盐酸、硫酸)处理,有时也用碱(氢氧化钠和氢氧化钾)、盐(碳酸盐和酸式碳酸盐)及其混合物作为酸处理的辅助手段。此外,还采用有机酸类、脂类及其他物质的混合物以及螯合剂(EDTA)进行酸处理。对酸不溶盐垢,国外采用垢壳转换剂,即先将垢转为酸溶性物质,然后再用酸处理。另外,也有采用螯合剂处理的,如 EDTA 和 NTA 等。有人提出用顺丁烯二酸二钠,可将盐垢转换为水溶性化合物,不必酸洗。

(2)清蜡手段

清蜡手段主要有机械加热、试剂处理等。井筒和油管内的积蜡可用机械方法刮除,如用热油或热水循环冲洗以及用溶剂溶解等。储集层中结蜡或沥清堵塞的解除方法一般是用溶剂清除。在较低的排量和低压下将溶剂挤入储集层,然后浸泡一夜后返排。也可采用在井底加热注蒸气、热水及热油的方法来清除井筒附近储集层中的积蜡。但要注意迅速返排出已被溶解的石蜡或沥清,否则溶解出的石蜡或沥青可能随着温度的下降而再次沉淀出来,重新堵塞储集层。此外,一次处理过量可能将井底附近含有大量溶解蜡的热溶液推入较冷的地层深部,蜡重新沉淀出来,造成严重的储集层损害。这是因为在储集层原油中,溶解蜡量一般处于饱和状态,没有溶解更多蜡量的能力,对此有效的办法是采取多次重复处理,逐渐加大处理规模,清除储集层中较深部的积蜡。

(3)乳化液或水的堵塞

使用表面活性剂可减轻由乳化液或水的堵塞(水堵)造成的储集层损害。在大多数情况下,水堵可在几星期或几个月内自行消除。

在砂岩储集层中,利用土酸和表面活性剂进行处理,可较好地消除由乳化液造成的储集层损害;对碳酸盐储集层的原生渗透率损害,通常的办法是用酸液旁通,对酸压期间形成的乳化液,可向裂缝中注入表面活性剂使其破乳。

2. 低渗透性储集层井的修井

对于任一低渗透性储集层的油井,通常要有一个有效的人工举油系统。对某些井可延缓或甚至不需要修井,因为水力压裂能形成线性流动,并改善较深部位储集层的渗透性。因而这是低渗透性储集层增加产量的最有效的方法。低渗透性砂岩储集层可采用水力压裂方法,碳酸盐储集层可采用酸压或水力压裂措施。

3. 压力部分枯竭油层的修井

在考虑对压力部分枯竭油层修井之前,应规划利用有效的人工举油系统。保持压力或采用新方法对于从压力部分枯竭油层增加产量和采收率而言,通常是最好的方法。

(二)堵水修井

引起油、气井大量出水的原因主要有:①套管泄漏;②误射水层;③管外窜槽;④底水锥进或边水指进;⑤人工裂缝延伸入水层(压裂窜通水层);⑥人工裂缝延伸到注水井附近(压裂窜通水井)。常用的修井方法有堵水调剖、降低产量和人工隔板等。

(三)防砂修井

防砂方法主要有机械防砂、化学防砂和复合防砂三大类,具体方法有割缝衬管(筛管)、砾石充填、人工井壁、化学固砂、压裂防砂、射孔防砂。其中,砾石充填是常用的方法。

修井废水具有以下特点:有机物、悬浮物、石油类污染物的含量均不高,水样黏稠度较小,水样呈中性,主要问题是有一定的色度,相对分子质量水平基本在 $500 \sim 1\,000$ 之间,以链状类有机物为主,环状类污染物质的数量大幅度降低,说明水中有机物主要趋向于一些分子结构简单、相对分子质量低的污染物质。长庆油田修井废水相对分子质量分布特征如图 1-3 所示。

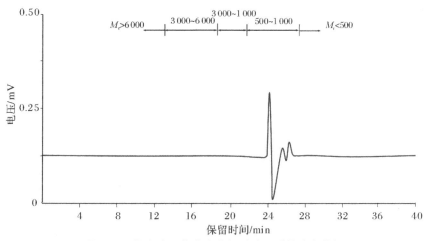

图 1-3 长庆油田修井废水相对分子质量分布特征

长庆油田洗井、修井混合液有机物气相色谱 - 质谱联用仪（Gas Chromatograph-Mass Spectrometer, GC-MS）分析结果如图 1 - 4 所示。

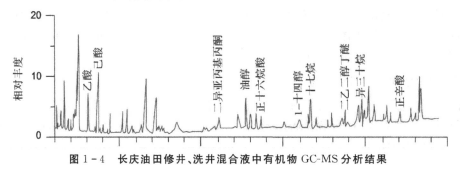

图 1 - 4 长庆油田修井、洗井混合液中有机物 GC-MS 分析结果

三、油田采出水

油田开采过程中，注入水或原油地层存在的水随着原油被开采出来，从含水原油中脱出的含油污水称为油田采出水。其中包含一次采油采出的含水原油脱出水，以及二次水驱采油不断向油层注入的水。二次水驱注入油藏的介质在保持油层压力的同时，不断与原油相互渗透、混合，使不含水原油或低含水原油变成为含水原油或高含水原油。当然在一些油层边水活跃的油区，也会自然形成含水原油。

原油含水不仅给油气集输等工艺增加了技术难度，同时也增加了原油集输的燃料消耗、原油输送的动力消耗，增大了地面工程投资，且由于原油中所含地层水矿化度高，大大加速了水中原电池反应，使设备及管道严重腐蚀和大量结垢，造成管道堵塞，使用寿命大大缩短。

因此，必须对含水原油进行脱水处理，使外输成品原油含水率不超过 0.5%，脱出的油田采出水中原水含油量不应大于 1 000 mg/L。

（一）采出水水量

在原油开采过程中，为保持油藏能量及采油速度，提高采收率，注水是主要技术措施之一。而将水注入油层的同时，水与原油不断地相互渗透、混合，使不含水原油或低含水原油变成含水原油或高含水原油。随着油田开采进程，原油含水率逐年递升，油田采出水量逐年提高。

原油含水率与采出水量关系如图 1 - 5 所示。图中，Q 为采出水量，为一定值。图 1 - 5 表示生产出相同数量的原油，含水率与采出水量的关系。

含水原油脱出采出水量按下式计算：

$$Q_1 = \frac{\eta Q_y}{(100 - \eta)\rho} \tag{1-1}$$

式中　Q_1——原油脱水过程排出采出水量，m^3/d；

　　　η——原油含水率，%；

　　　ρ——采出水密度，t/m^3；

　　　Q_y——净化油产量，t/d，按下式计算：

$$Q_y = \frac{原油年产量}{365} \tag{1-2}$$

截至 2021 年底,长庆油田已建采出水回注井 5 740 口,长庆油田目前投用的采出水处理站 271 座。设计处理能力 $18.3×10^4$ m³/d,实际处理量 $12.4×10^4$ m³/d。由于油区分散,各站的处理规模(200~2 000 m³/d)较小。

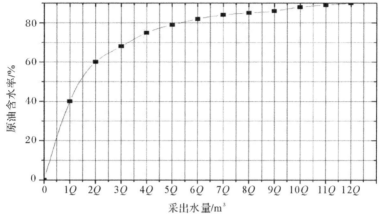

图 1-5 原油含水率与采出水量关系

(二)压力

油田采出水主要来自含水原油的脱水装置,其压力与脱水流程和采用装置有关,三相分离器分离出的采出水压力在 0.2~0.3 MPa 之间,溢流沉降罐分离出的采出水压力不大于 0.1 MPa。为防止加压输送导致油水乳化程度提高,长庆油田已建采出水处理站多采取与原油脱水站(联合站)合建模式。

(三)水质

长庆油田属低渗透、特低渗透油田,油层物性很差。其中,延安组油层平均渗透率为 $10×10^{-3}~100×10^{-3}$ μm^2,延长组油层平均渗透率为 $3×10^{-3}$ μm^2。由于其流体通过能力差,有效孔隙率低,孔道弯曲且孔喉径小,故储层对注入水的水质要求很高。

油田采出水是一种含有固体杂质、液体杂质、溶解气体和溶解盐类的典型非均相流体,采出水水质随油气藏地质条件、原油特性等的不同不尽相同,一般具有以下特点:成分复杂、矿化度高、腐蚀性强、乳化油含量高、pH 值低。

第二章 采出水的性质与出路

第一节 采出水的组成与性质

在油田采出水中石油类物质是主要污染物,按照油组分在采出水中的状态可将其分为溶解状、分散状、乳化状和悬浮状。同时采出水中存在众多离子组分,主要包括:Ca^{2+}、Mg^{2+}、K^+、Na^+、Fe^{2+}、Cl^-、HCO_3^-、SO_4^{2-} 等。长庆油田部分油田采出水水质分析见表2-1。

表 2-1 长庆油田部分油田采出水水质分析表

油田名称	层位	$\rho_{K^++Na^+}$ mg/L	$\rho_{Ca^{2+}}$ mg/L	$\rho_{Mg^{2+}}$ mg/L	$\rho_{Ba^{2+}}$ mg/L	ρ_{Cl^-} mg/L	$\rho_{SO_4^{2-}}$ mg/L	$\rho_{CO_3^{2-}}$ mg/L	$\rho_{HCO_3^-}$ mg/L	pH值	总矿化度 g/L	水型
安塞	长6	9 551	19 114	610	0	49 784	568	0	187	6.4	79.81	$CaCl_2$
马岭	Y10	40 077	7 343	837	1 612	77 566	0	0	149	6.5	127.58	$CaCl_2$
西峰	长8	18 913	2 329	403	846	34 602	0	0	481	6.3	57.57	$CaCl_2$
城壕	Y9	16 239	2 296	342	0	27 651	2 802	531	52	6.0	49.91	$CaCl_2$
城壕	Y9	24 367	1 062	438	0	34 298	8 298	502	0	6.0	68.96	Na_2SO_4
华池	Y8	7 337	554	252	0	9 343	4 683	1 413	0	6.3	23.97	Na_2SO_4
华池	Y9	7 148	10	54	0	5 962	4 267	2 890	341	6.2	20.67	$NaHCO_3$
华池	长3	36 482	5 828	1 008	2 002	70 401	0	200	0	6.1	115.9	$CaCl_2$
五里湾	长6	24 500	5 553	887	1 318	50 592	0	0	402	6.4	83.24	$CaCl_2$
姬塬	长6	30 300	6 170	364	1 350	59 100	0	0	241	6.1	97.52	$CaCl_2$
白豹	长3	36 826	7 229	884	1 084	72 584	0	0	160	6.1	118.77	$CaCl_2$
绥靖	长2	9 647	1 479	263	0	17 074	1 472	8	141	6.2	30.08	$CaCl_2$

一、采出水的组成

油田采出水是一种含有固体杂质、液体杂质、溶解气体和溶解盐类的典型非均相流体,采出水水质随油气藏地质条件、原油特性等不同而不同。

油田采出水中污染物可分为无机物、有机物和微生物。根据这些污染物分散在采出水中杂质的基本颗粒尺寸,可形成悬浮液、乳状液、微乳液、胶体溶液和真溶液。水中分散介质大小与分散体系见表2-2。

表 2-2　水中分散介质大小与分散体系表

分散体系	真溶液	胶体溶液	微乳液	乳状液	悬浮液
介质粒径/nm	0.1～1	<10	10～100	100～10 000	>10 000
稳定特性	稳定	稳定	稳定	不稳定	不稳定
介质形状	分子或离子	球状、浓溶液或有其他形状	球状	一般为球状	不定

长庆油田第八采油厂学一联合站油田采出水颗粒粒径主要集中在 $1～10\ \mu m$，属于胶体溶液，其颗粒度分布如图 2-1 所示。

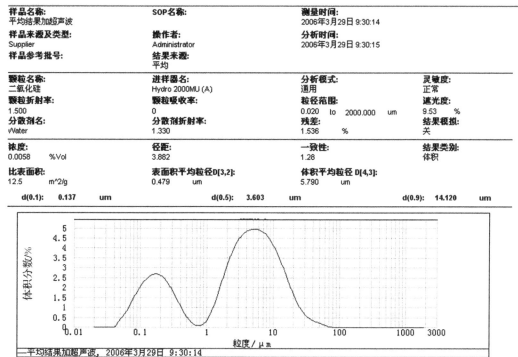

图 2-1　长庆油田第八采油厂学一联合站油田采出水颗粒度分布曲线图

(一)悬浮杂质

分散体微粒较大的胶体颗粒和悬浮颗粒统称为悬浮杂质，主要包括：原油、悬浮机械杂质、微生物和有机物。

1. 原油

原油以大小不同的油珠的形式分散在采出水中。根据分散在水中的颗粒大小不同，可分为以下四种状态：

1)浮油：粒径大于 $100\ \mu m$ 的油滴。此部分油组分很容易去除。按斯托克斯公式计算，水中油珠粒径大于 $100\ \mu m$ 的油滴，上浮 200 mm 高度仅需要 1.4 min。

2)分散油：粒径为 $10～100\ \mu m$ 的油滴。此部分油组分在采出水中所占的比例一般为 40%～

60%,比较容易去除。采出水中的分散油尚未形成水化膜,还有相互碰撞变大的可能,靠油、水相对密度差可以上浮去除。

3)乳化油:粒径小于 $10^{-3}\sim10\ \mu m$ 的油滴。此部分油组分在采出水中所占的比例一般为 10%~70%,变化范围比较大,与油站投加破乳剂的量有关。这部分油含量直接影响到除油设备的除油效率,仅仅靠自然沉降是不能完全去除的。

4)溶解油:粒径小于 $10^{-3}\ \mu m$,不再以油滴形式存在。采出水中此部分油组分仅占总含油量的 1% 以下,不作为采出水处理的主要对象。

2. 悬浮机械杂质

采出水中分散体为机械杂质的悬浮物,常称为采出水中悬浮固体或机械杂质(简称"机杂")。这些颗粒大部分构成水的浊度,少部分形成水的色度和臭味。其颗粒直径范围为 $1\sim100\ \mu m$。其主要包括以下两项:

1)泥沙:$0.05\sim4\ \mu m$ 的黏土、$4\sim60\ \mu m$ 的粉沙和大于 $60\ \mu m$ 的细沙等。

2)腐蚀产物及垢:Fe_2O_3、CaO、MgO、FeS、$CaSO_4$、$CaCO_3$ 等。

3. 微生物

采出水中常见的微生物有硫酸盐还原菌(SRB)、腐生菌(TGB)、铁细菌等,这些菌由多数细菌连接而成单丝状,或具有短侧枝的丝状群体,称为丝状菌。丝状菌的一般宽度为 $0.5\sim2\ \mu m$,长度因种类不同而异,硫酸盐还原菌(SRB)的一般宽度为 $5\sim10\ \mu m$,腐生菌(TGB)的一般宽度为 $10\sim30\ \mu m$。

4. 有机物

油田采出水中存在的有机物组分复杂,水中原油就是各种烃类组成的有机化合物,如胶质、沥青质类和石蜡等重质油类。除此之外,为了满足油气集输、采油、井下作业工艺的需要,还以药剂形式向原油中投加各种有机物,如破乳剂、降黏剂、缓蚀剂、杀菌剂等。据冯永训主编的《油田采出水处理设计手册》中的分析数据,渤海石油公司绥中 36-1 油田"明珠号"储油轮电脱水器出口采出水样中有机物组分达 69 种,主要有机污染物及其相对含量见表 2-3。

表 2-3　采出水中有机污染物相对含量表

主要有机污染物	相对含量/%
苯酚	37
环烷烃	26
多环芳烃	18
烃类	11
其他(醇、酮、醛类)	8
共计	100

5. 色度

颗粒直径在 $1\times10^{-3}\sim1\ \mu m$ 之间,在水中呈多种状态分布,主要由泥沙、腐蚀结垢产物和细菌有机物构成,物质组成与悬浮固体基本相似。水的色度主要由这些颗粒决定。水中污染物颗粒大小与存在状态之间的关系见表 2-4。

表 2 - 4 水中污染物颗粒大小与存在状态间的关系表

分散颗粒	溶解物（低分子、离子）	胶体颗粒	悬浮物			
颗粒大小	0.1 nm	1～10 nm	100 nm	1 μm	10 μm	100 μm	1 mm
外观	透明	光照下浑浊	浑浊		肉眼可见	

（二）溶解杂质

溶解杂质指溶解于水中形成真溶液的低分子物质及离子物质，主要有溶解气体，阴、阳无机离子及有机物。

1)无机盐类：基本上以阳离子和阴离子形式存在，其粒径都在 1×10^{-3} μm 以下，主要包括 Ca^{2+}、Mg^{2+}、K^+、Na^+、Fe^{2+}、Cl^-、HCO_3^-、SO_4^{2-} 等离子。

2)溶解气体：如溶解氧、二氧化碳、硫化氢、烃类气体等，其粒径一般为 $(3\sim5) \times 10^{-4}$ μm。

3)有机物：如环烷酸类等。

二、采出水的性质

（一）物理性质

1. 密度

影响采出水密度的因素是水中溶解物质的含量、水的温度、水所承受的压力。

采出水的密度随水温升高而降低，随含盐量增大而升高。美国石油学会 2012 年发布的标准《油田水分析的推荐实施规程(第 3 版)》的数据为：温度每变化 1℃，密度变化 0.000 2 g/mL；含盐量每变化 1 000 mg/L，密度变化 0.000 8 g/mL。

油珠自由浮升速度与油、水密度差成正比。在相同温度下，采出水所含溶解物愈多，水的密度愈大。在 20℃水温下，总矿化度与水密度的关系见表 2 - 5。

表 2 - 5 采出水总矿化度与水密度关系表

总矿化度/(mg·L^{-1})	水密度/(kg·m^{-3})	总矿化度/(mg·L^{-1})	水密度/(kg·m^{-3})
27 500	1 020	83 700	1 060
41 400	1 030	93 400	1 070
55 400	1 040	113 200	1 080
80 400	1 050	128 300	1 090

如无实测数据，可按下式计算采出水密度($t \geqslant 4$℃)：

$$\rho_i = 1\ 000 + 0.000\ 8\ S - 0.000\ 2(t-4) \tag{2-1}$$

式中　ρ_i——温度为 t、含盐量为 S 时采出水密度，kg/m³；

　　　S——采出水含盐量，1 000 mg/L；

　　　t——采出水温度，$\geqslant 4$℃。

2. 黏度

黏度是液体分子间的摩擦力，是液体层间发生相对运动时阻力大小的一个标志。它是导致水头损失的基本原因之一。黏度受温度、溶解盐含量以及介质压力的影响。

(1)温度的影响

温度增高,黏度减小,其对应数据见表 2-6。

表 2-6　不同温度的油田采出水黏度一览表

温度/℃	40	45	50	55	60	65
黏度/(mPa·s)	0.77	0.71	0.66	0.62	0.58	0.5

由于采出水水质的差异,不同油田及区块黏度数值不同。以大庆油田为例,其采出水各种温度下黏度监测数据见表 2-7。

表 2-7　大庆油田不同温度的采出水黏度一览表

温度/℃	30	35	40	45	50	55
黏度/(mPa·s)	0.84	0.77	0.71	0.64	0.59	0.55

由表 2-6 和表 2-7 可知,油田采出水的黏度随着温度的升高,呈逐步缓慢下降的趋势,黏度低,液体相对运动阻力小,利于油水两相分离。

(2)溶解盐

溶解盐含量增高,黏度增大。不同含盐量下的采出水黏度见表 2-8。

表 2-8　不同含盐量下的采出水黏度一览表

含盐量以 Cl^- 计/$(g·L^{-1})$	0	4	8	12	16	20
20℃下黏度/(mPa·s)	1.007	1.021	1.035	1.052	1.068	1.085

从表 2-8 中可以大致看出,含盐量在 1 000 mg/L 以下时,含盐量每增加 1 000 mg/L,黏度增加 0.003 5 mPa·s;含盐量在 1 000 mg/L 以上时,含盐量每增加 1 000 mg/L,黏度增加 0.004 25 mPa·s。

(3)压力

压力增大,分子间的距离减小,黏度增大;反之,压力减小,黏度减小,尤其是在高压状态下,影响显著。

3. 表面张力和界面张力

两相的交接处叫界面,有气相参与构成的界面称表面,界(表)面两侧由于分子作用力不同而形成界(表)面张力。

油田采出水的表面张力与温度和含盐量的关系,与水是一致的,即随水温升高而降低,随含盐量的增加而缓慢增长。在 10~60℃范围内,油田采出水的表面张力为

$$f = 75.796 - 0.145t - 0.000\ 24t^2 \tag{2-2}$$

式中　f ——水的表面张力,mN/m;

　　　t ——采出水温度,℃。

油水表面张力是油田采出水十分重要的表面性质之一,是衡量采出水乳化程度的重要指标。张力越大,水中油粒越易于聚结;反之,越不易聚结。

(二)化学性质

水的化学性质极其稳定,特别是自然界存在的水。水的这种稳定性和水有较大的偶极矩

形成的极性,使它特别适于溶解多种物质。大多数矿物质溶于水,许多气体和有机物质也溶解于水。

1. 各种物质的溶解度

(1)溶解气体

采出水中以溶解状态存在的主要气体有:空气、氧、氮、二氧化碳、硫化氢、甲烷。

同一气体在不同的温度、压力下溶解度不同。压力不变时,温度越高,溶解度越小,达到水的沸点时多数气体在水中的溶解度为零;温度不变,气体在水中的溶解度与该系统的压力成正比,混合气体在水中的溶解度则同该气体的分压力成正比。各种气体在水中的溶解度见表2-9。

表 2-9　一标准大气压下各种气体在水中的溶解度

气体名称	溶解度/$(mg \cdot L^{-1})$				
	30℃	40℃	50℃	60℃	70℃
空气	24.24	20.75	18.36	16.64	15.44
纯氧	33.61	28.79	26.05	22.84	20.81
纯氮	15.10	12.87	11.52	10.46	9.65
二氧化碳	1 184.90	919.32	730.36	591.67	502.01
硫化氢	2 792.21	2 203.56	1 789.35	1 483.29	1 236.64
甲烷	19.7	16.9	15.2	13.9	—

水中含盐量对气体的溶解度也有影响。一般是含盐量大时,气体的溶解度略有减小。

(2)溶解液体

由于水分子具有极性,故某种液体在水中的溶解度与其分子的极性有关。如—OH基(乙醇、糖类)、—SO_3 基和—NH_2 基的分子极性极强,很容易溶于水,而另一些非极性液体(碳氢化合物、四氯化碳、油、脂等)则很难溶于水。

(3)溶解固体

固体在水中的溶解量一般随温度的升高而增加,但某些物质如碳酸钙则相反。碳酸钙在温度小于38℃时,溶解量随温度升高而降低,高于38℃时则相反。

2. 容度积

物质在水中没有绝对不溶解的,只是溶解度大小的差异。难溶物在水中的溶解过程和沉淀过程是可逆平衡的。如:

$$CaCO_3 \rightleftharpoons Ca^{2+} + CO_3^{2-} \qquad (2-3)$$

$$Mg(OH)_2 \rightleftharpoons Mg^{2+} + 2OH^- \qquad (2-4)$$

通式为

$$A_nB_m \rightleftharpoons nA^+ + mB^- \qquad (2-5)$$

平衡时

$$K = \frac{[A^+]^n [B^-]^m}{[A_nB_m]} \qquad (2-6)$$

由于 A_nB_m 是难溶化合物,它的浓度变化极微,可视为常量 K,有

$$K_{sp} = K[A_nB_m] = [A]^n [B]^m \qquad (2-7)$$

式中,K_{sp} 为容度积。

水溶液中若离子实际的容度积（$[A]^n[B]^m$）大于 K_{sp}，则有沉淀产生，反之，则无沉淀产生。

(三)微生物的特性

尽管油田采出水具有水温高、矿化度高等特点，但仍然存在着微生物。油田采出水中微生物分为三大类：藻类、菌类、细菌。

长庆油田原油集输、加工、采出水处理全过程采用密闭工艺，故藻类（含叶绿素）、菌类（不含叶绿素）通常不会对系统造成危害。造成采出水设备、管道及注水井的腐蚀与堵塞的微生物是细菌，如硫酸盐还原菌、铁细菌和黏液形成的细菌（如腐生菌），它们严重影响着油田的正常生产。

微生物具有以下特点：

(1)分布广、种类多

已知能降解烷烃类有机物的细菌有 200 多种。目前长庆油田在采油二厂西 259 脱水站、采油三厂油一联合站、靖一联合站、新五井均成功筛选出适宜的专性联合菌群。

(2)繁殖快

微生物的繁殖速度快，能充分接触并吸收养料，在短期类大量繁殖，能承受采出水水量、水质的变化。

(3)易变异

大多数微生物都可以进行无性繁殖，容易发生变异，且变异后具有一定的稳定性。

(4)易培养

微生物在固体培养基上比其他生物长得快，在液体培养基中则更是如此。油田采出水中专性联合菌群培养周期约 7 天。

(5)生存受环境条件的制约

细菌的主要组成部分是蛋白质、核糖核酸，采出水水温过高或过低、绝氧或富氧、水质的变化等均会造成细菌蛋白质凝固，发生变性或沉淀，使细菌难于生存、繁殖，须经长期驯化以提高适应性。

第二节 采出水的出路

油田采出水经处理后优先用作油藏注水水源，当不具备回注条件时可进行深度处理后作工艺回用，或经处理达到外排标准后外排环境。

一、油田注水

国内外石油开采行业均认为注水能延长油田寿命，对油田开发具有重要意义。1924 年，第一个"五点井网注水"方案在宾夕法尼亚的布拉德（Bradford）油田实施。直到 20 世纪 50 年代，注水才得到广泛应用。

针对我国油田的地质情况，少部分油井在开采初期为自喷，无需注水，绝大部分采用注水开发,注水对于渗透油田尤其重要。陆上油田中,注水系统是生产系统的重要组成部分,它担负着稳油控水,增产高产,保持地层能量的重要任务。同时,注水系统也是油田用电大户,据统计,注水耗电一般占整个油田总耗电量的 $33\% \sim 35\%$。

与国外相比,我国油田注水工艺较为落后,注水系统的平均效率也比较低。我国陆上油田用常规的注水方式开发,平均采收率只有 33% 左右,大约有 2/3 的储量仍留在地下,而对那些低渗透油田、断块油田、稠油油田等来说,采收率还要更低些。因而提高原油采收率是一项不容忽视的工作,而有效提高注水效果迫在眉睫。

(一)油田注水的目的

油田可以只利用油层的天然能量进行开发,也可以采用保持压力的方法进行开发。深埋在地下的油层具有一定的天然能量和压力,当开发时,油层压力驱使原油流向井底,经井筒举升到地面。地下原油在流动和举升过程中,承受油层的细小孔隙阻力和井筒内液柱重量及井壁摩擦力。如果仅依靠天然能量采油,采油工程就是油层压力和产量下降的过程。当油层压力大于这些阻力时,油井就可以实现自喷开采;当油层压力只能克服孔隙阻力而克服不了井筒液柱重量和井壁摩擦力时,就要靠抽油设备来开采;当油层压力下降到不能克服油层孔隙阻力时,油井就没有产出物了。

在对一个油田进行开发时,为了保持油田有较长的开发周期和原油产量的稳定,基本上都要采用保持地层压力开采的方法。为了提高油田采收率,世界上很多国家都在研究如何用人工的办法保持地层压力,向油层补充能量,达到多出油、出好油的目的。目前比较成熟的措施有注水、注气、注蒸汽及火烧油层等。

与其他物质相比,水具有无可置疑的优点:一方面水的来源比较易于解决,且把水注入油层成本较低;另一方面,在一个油层中用补充能量的介质来驱油,水是十分理想的。当然,还应看到注水井中的水柱本身具有一定的压力。水在油层中具有扩散能力,可使油层保持较高的压力水平,保持油层压力始终处于饱和压力以上,就会使地下原油中溶解的天然气不会大量脱出而保持原油性质稳定,保持良好的流动条件。这样,就可以使油井的生产能量保持旺盛,能够以较高的采油速度采出较多的地下储量,即有利于提高油田原油采收率。从 1954 年首次在玉门油田采用注水以来,国内的各大主要油田先后都进行了油田的注水开发,以使油田稳产、高产。在世界范围内,注水保持压力的开采方法已得到大范围使用。

油田注水是采油生产中最重要的工作之一。油田的注水开发在油田的开发中具有极其重要的意义。如何通过控制注水量和控制产出水量使油田保持长期高产、稳产,即用"控水"来达到"稳油"的目标,是保持中高含水期油田高产、稳产的重要技术内容。这就要求控制油井高含水层的产水量,并且通过注水井调整不同油层的注水量,有效地控制注、采水量的增长幅度。要达到上述目的,就必须正确运行整个注水系统,保证系统内的流量和压力具有最适当的分布。随着油田的不断开发,油田的注水系统在增产、稳产中的作用也越来越突出。

(二)油田注水的主要作用

(1)提高采收率

油田依靠地层能量采油,除少数有边水补充能量外,一般采收率不到 20%,而利用注水方法,采收率可达 $35\% \sim 50\%$。

（2）高产、稳产

注水能保持或提高油层压力，保证油流在油层中有足够的能量，维持油田的合理开采速度，使其长期高产、稳产。

（3）改善油井生产条件

对于高饱和压力的溶解气驱油田，通过注水使井下流动压力高于天然气溶解于原油中的饱和压力，使天然气在油井中的上升过程中携油上升，延长自喷期，方便生产管理。

（三）采出水处理回注的意义

长庆低渗透、特低渗透油田地处我国西北内陆高原，横跨陕、甘、宁、蒙、晋五省（区），系暖温带半干旱大陆性季风气候，干燥度为 1.5～4.0，属严重干旱缺水地区。

实现原油稳产关键在水。油田注水开发需解决两个主要问题：一是注入水的水源问题。一般开发前期每生产 1 t 原油就需要注水 2～3 t，后期的需水量更大。因此，需要大量稳定而合格的水源来满足油田注水的需要。二是随着油田开发时间的延长，原油含水率不断上升，油田采出水量越来越大，采出水的排放和处理成为一个日益严重的问题。

此外，由于现代工业的迅速发展和人口数量的激增，工业用水量和生活用水量也随之增加。解决水资源缺乏的一个有效办法就是提高水的循环利用率。油田采出水处理后回注地层，既恢复了地层能量，又节约了水资源。如果油田采出水处理的回注率为 100%，即不管原油含水率多高，从油层中采出的污水和地面处理、钻井、作业过程排出的污水全部处理回注，那么注水量中只需要补充由于采油造成的地层亏空的水量就可以了，可大大节省清水资源和取水设施的建设费用。

截至 2020 年底，长庆油田已建成注水站（橇）610 座，设计回注能力 68.8×10^4 m^3/d，实际回注量 37.7×10^4 m^3/d。截至 2021 年底，长庆油田建成投用的采出水处理站有 271 座，设计处理能力 18.3×10^4 m^3/d，实际处理量 12.4×10^4 m^3/d。油田采出水回注率 100%，注水系统负荷率 54.8%，注水系统单耗（注水单位回流量的电耗）为 6.57 kW·h/m^3。油田注水已经实现了由"注够水、注好水"向"有效注水、精细注水"的转变，油田稳产基础得到了进一步夯实。

经处理合格的油田采出水回用于油田注水，与一般的清水注水相比有以下优点：

1）油田采出水含有表面活性物质且温度（35～41℃）较高，能提高洗油能力，具有提高驱油效率的作用。

2）高矿化度水注入油层后，具有防止黏土膨胀的作用。

3）水质稳定，与油层相混不产生沉淀。

4）油田采出水达标回注，节省清水资源，可提高环境效益。

综上所述，随着油田开发和石油储运行业的发展，含油采出水日益增多，将其处理后回注地下，既利于水驱采油，又充分节省了清水资源，还有效防止了环境污染，变废为宝，利国利民。

二、采出水的其他出路

当油田采出水处理站场所处油藏区块不具备回注条件时，一般采出水经深度处理后作工艺回用，或处理达到外排标准后外排环境。

(一)工艺回用

由于长庆油田采出水处理站场均位于水资源匮乏的地区,当采出水处理站场所处油藏区块不具备回注条件,同时站内无清水资源时,可将油田采出水处理后用作加药水源,在配药溶药后进行投加。考虑到加药介质和油田采出液来源一致,投加后不存在结垢、不配伍等情况,效果较好。此外,也可将采出水除盐软化后回掺锅炉用水,以节约清水软化水。一般采用离子交换技术、机械压缩蒸发技术、膜分离技术等进行深度处理,达到各项用途的回用水水质要求后进行工艺回用。

(二)自然排放

部分油田采出水必须外排至环境自然水体或市政排水系统,石油类物质及悬浮物处理方法与回注、回用一致,但需对 COD、BOD_5、氨氮、总氮、总磷、大肠菌群等指标进行专门处理,达到相关环境标准后方可外排环境,且必须符合污水综合排放标准、环境水体质量标准等国家、行业、地方规范。

在常年蒸发量较大的地区,如新疆等地,多年平均降雨量不足平均蒸发量的 1/5,对于初期采出水产量较少的站点,可采用自然蒸发方式进行排放,但自然蒸发占地面积巨大,且地方政府认可度不够,防渗要求较高,目前已基本不作为常规油田采出水出路。

由于长庆低渗透油田采出水经处理后绝大部分用作油藏注水,因此水质指标仅考虑回注油层,本书后续也主要以油田采出水回注作为出路进行水质标准及工艺流程介绍。

第三章　长庆油田采出水的特点及处理工艺历程

第一节　长庆油田采出水处理的特点

一、采出水处理站点多面广

截至 2021 年底,长庆油田建成投用的采出水处理站 271 座,设计处理能力 18.3×10^4 m³/d,实际处理量 12.4×10^4 m³/d,采出水处理站点分散且规模较小,处理规模多为 200～2 000 m³/d,采出水处理站场平均设计处理规模约 600 m³/d。

二、矿化度高,腐蚀性强

采出水矿化度高,总矿化度为 2×10^4～15×10^4 mg/L,马岭中区、南区高达 18×10^4 mg/L,远高于其他油田;水型以 $CaCl_2$ 为主,兼有 Na_2SO_4、$NaHCO_3$ 等水型;阴离子 Cl^- 含量 10～100 g/L,阳离子 Ca^{2+}、Ba^{2+} 含量高。高矿化度使水的电导率增大,大大加快了水对金属的腐蚀。其中,Cl^- 体积小,活性很大,对金属表面形成的保护膜穿透性强,不利于防止金属的腐蚀。管道的腐蚀与结垢并存,垢下腐蚀严重。平均腐蚀速率高达 0.25～0.75 mm/a。与此同时,大量 Ca^{2+}、Mg^{2+}、HCO_3^-、Ba^{2+}、Cr^{2+} 等结垢离子的存在,极易引起管道和油水分离容器内部结垢,结垢类型主要是 $BaSO_4$、$CaCO_3$,总量约 200～2 000 mg/L。这些会导致采出水中悬浮固体含量的增加,给采出水处理造成困难,也严重影响到地面集输设备的正常使用年限。长庆油田开发层位地层水物性指标数据见表 3-1。

表 3-1　长庆油田主要开发层位地层水物性指标数据表

区块	层位	$\dfrac{\rho_{K^++Na^+}}{mg/L}$	$\dfrac{\rho_{Ca^{2+}}}{mg/L}$	$\dfrac{\rho_{Mg^{2+}}}{mg/L}$	$\dfrac{\rho_{Ba^{2+}}}{mg/L}$	$\dfrac{\rho_{Cl^-}}{mg/L}$	$\dfrac{\rho_{SO_4^{2-}}}{mg/L}$	$\dfrac{\rho_{CO_3^{2-}}}{mg/L}$	$\dfrac{\rho_{HCO_3^-}}{mg/L}$	总矿化度 g/L	水型
马岭	延 10	32 866	6 265	665	488	64 371		0	203	107.5	$CaCl_2$
吴旗	延 10	7 262	362	50	0	10 197	677	0	2 208	20.8	$NaHCO_3$
姬塬	长 2	36 800	9 010	1 220	896	76 400	0	0	166	124.0	$CaCl_2$

续 表

区块	层位	$\rho_{K^++Na^+}$ mg/L	$\rho_{Ca^{2+}}$ mg/L	$\rho_{Mg^{2+}}$ mg/L	$\rho_{Ba^{2+}}$ mg/L	ρ_{Cl^-} mg/L	$\rho_{SO_4^{2-}}$ mg/L	$\rho_{CO_3^{2-}}$ mg/L	$\rho_{HCO_3^-}$ mg/L	总矿化度 g/L	水型
华池	长3	36 972	5 885	969	2 335	71 311	0	0	200	117.7	$CaCl_2$
姬塬	长4+5	35 300	9 170	1 200	846	74 400	0	0	229	121.0	$CaCl_2$
靖安	长6	12 645	20 497	549	433	57 482	0	0	158	91.8	$CaCl_2$
西峰	长8	11 864	10 329	121	682	37 148	0	0	201	60.3	$CaCl_2$

CO_2、H_2S、溶解盐、细菌含量高，pH 为 5～6，腐蚀性强，会降低铁化合物和硅酸盐的溶解度，加剧结垢现象的发生。此外，采出水与原油中的胶质和沥青质中的有机酸类发生反应生成脂肪酸、环烷酸等，当这些新生的表面活性物质吸附在油水界面上时，会导致油水界面间张力降低，使采出水中残余油的稳定性增强，影响油水间的分离。

三、物理沉降处理难

根据粒径，采出水中石油烃类可分为浮油、细分散油、乳化油、溶解油等，具体存在形式及特点见表 3-2。长庆油田采出水乳化油含量高，主要由原油性质决定其易乳化。

表 3-2　长庆油田采出水中石油烃类的存在形式及特点

存在状态	特　点
浮油	在一定时间(一般为 2h)内的静置或缓慢流动的条件下，能够借助油粒与水的比重差上浮到水面
分散油	以胶体形态分布在水中，有足够的静置时间可浮升至水面
乳化油	具有一定的稳定性，单纯采用静置的方法很难使油水得到分离
溶解油	可见光透过，肉眼不可见

采出水中悬浮物含量大、粒径小，主要因为产水地层致密，渗透率低。

四、开发层系多，配伍性差

长庆油田区域面积大、区块分散、开发层系多，不同层位水质差异较大。长庆油田目前开发的含油层系如图 3-1 所示。

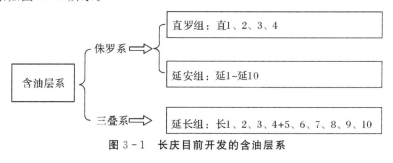

图 3-1　长庆目前开发的含油层系

长庆油田目前开发的各区块的油藏层系见表3-3。

表3-3　长庆油田目前开发的各区块的油藏层系一览表

序号	油区	层位								
1	安塞	延9、延10	长2		长4+5	长6		长8		长10
2	靖安	延9、延10	长2		长4+5	长6		长8		
3	姬塬	延3~延9	长2		长4+5	长6		长8		
4	胡尖山	延9、延10	长2		长4+5		长7	长8	长9	
5	环江	延6~延10			长4+5	长6		长8		
6	白豹		长2		长4+5	长6		长8		
7	华庆	延9、延10		长3	长4+5	长6		长8	长9	
8	马岭	延9、延10			长4+5		长7	长8	长9	
9	合水	延7~延10	长2	长3		长6	长7	长8		
10	镇北	延7、延8		长3				长8		
11	西峰	延8~延10		长3	长4+5			长8		
12	吴旗	延9、延10	长2		长4+5		长7	长8	长9	长10

各层采出水间配伍性差，各层采出水除长1与长2、长4+5与长6配伍性较好外，其余层间采出水配伍性较差，结垢类型主要为 $CaCO_3$ 或 $BaSO_4$，多层系同时开发时采出水应分层处理、分层回注。部分采出水处理站存在一个站场处理两个甚至三个互相不配伍的油藏层系的现象，地面建设难度大。部分层系之间混合结垢曲线如图3-2所示。

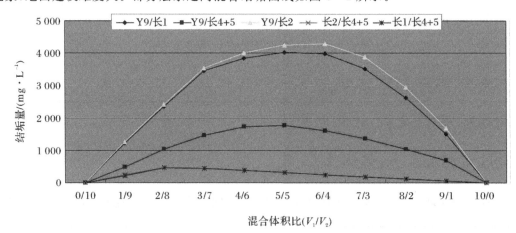

图3-2　长庆油田部分层系之间混合结垢曲线

五、温度高

长庆油田采出水水温通常可以达到 $40\sim80℃$。由于采出水中的石蜡、沥青质、胶质等烃类成分都具有一定的黏度，在高温下呈现出由固态趋于液态的变化趋势，残余油附着在悬浮物颗粒表面会加剧"堵塞效应"的发生，导致反冲洗效果下降。

六、残留大量化学药剂

长庆油田采出水中会残留大量油田开发过程中投加的各种化学药剂,例如在原油脱水过程中添加的破乳剂和驱油剂等,增加了处理难度。

第二节　采出水处理水质标准

原油上产的关键在水,长庆油田注水已经实现了由"注够水、注好水"向"有效注水、精细注水"的转变,油田稳产基础得到了进一步夯实。而注水水质达标又是"有效注水、精细注水"的重要保障。

长庆油田属低渗透、特低渗透油田,油层物性很差。其中,延安组油层平均渗透率为 $10\times10^{-3}\sim100\times10^{-3}\ \mu m^2$,延长组油层平均渗透率为 $3\times10^{-3}\ \mu m^2$。由于其流体通过能力差,有效孔隙率低,孔道弯曲且孔喉径小,储层对注入水的水质要求较高。油田采出水是一种含有固体杂质、液体杂质、溶解气体和溶解盐类的典型非均相流体,采出水水质随油藏地质条件、原油特性等的不同而不尽相同,因此,采出水处理指标也不尽相同。

一、水质基本要求

1)水质稳定,与油层水相混不产生沉淀;
2)水注入油层后,不使黏土矿物产生水化膨胀或悬浊;
3)水中不得携带大量悬浮物,以防堵塞注水井渗滤端面及渗流孔道;
4)对注水设施腐蚀性小;
5)当采用两种水源进行混合注水时,应首先进行室内试验,证实两种水的配伍性好,对油层无伤害才可注入。

二、水质指标

目前国内没有具体的国家标准或强制性的行业标准来明确采出水处理后用作回注的具体指标要求。《油田采出水处理设计规范》(GB 50428—2015)中第 3.0.4 条规定:"采出水处理后用作油田注水时,水质应符合该油田制定的注水水质标准。当油田尚未制定注水水质标准时,可按现行行业标准《碎屑岩油藏注水水质指标及分析方法》(SY/T 5329—2012)的有关规定执行。"《碎屑岩油藏注水水质指标及分析方法》(SY/T 5329—2012)作为一个石油天然气行业推荐性标准,针对低渗透油田储层特征,在参照行业注水标准及油田注水动态的基础上,在室内通过天然岩芯和采出水进行岩心注水评价实验,以岩心渗透率下降小于 20% 为评价依据。《碎屑岩油藏注水水质指标及分析方法》(SY/T 5329—2012)中具体水质指标见表 3-4。

表 3-4　SY/T 5329-2012 中碎屑岩油藏注水水质指标

注入层平均空气渗透率/μm^2		≤0.01	>0.01~ ≤0.05	>0.05~ ≤0.5	>0.5~ ≤1.5	>1.5
主要控制指标	悬浮固体含量/(mg·L⁻¹)	≤1.0	≤2.0	≤5.0	≤10.0	≤30.0
	悬浮物颗粒直径中值/μm	≤1.0	≤1.5	≤3.0	≤4.0	≤5.0
	含油量/(mg·L⁻¹)	≤5.0	≤6.0	≤15.0	≤30.0	≤50.0
主要控制指标	平均腐蚀率/(mm·a⁻¹)	≤0.076				
	硫酸盐还原菌(SRB)含量/(个·mL⁻¹)	≤10	≤10	≤25	≤25	≤25
	腐生菌(IB)含量/(个·mL⁻¹)	$n\times10^2$	$n\times10^2$	$n\times10^3$	$n\times10^4$	$n\times10^4$
	铁细菌(TGB)含量/(个·mL⁻¹)	$n\times10^2$	$n\times10^2$	$n\times10^3$	$n\times10^4$	$n\times10^4$
辅助性控制指标		污水或油层采出水				
	溶解氧含量/(mg·L⁻¹)	≤0.10				
	硫化氢含量/(mg·L⁻¹)	≤2.0				
	侵蚀性二氧化碳含量/(mg·L⁻¹)	$-1.0\leq\rho_{CO_2}\leq1.0$				

注:1<n<10。

自 2008 年起,长庆油田针对油田采出水回注重点区块,通过分析油田注水情况及采出水处理水平、采出水回注动态及其与水质的关系,结合长期注水区块采出水对油藏伤害机理及注水水质对储层岩心的伤害规律,按油层保护的技术思路,以配伍性好、伤害低、增注洗井作业频度低为目标,对回注油藏进行科学分类,再通过不同油藏的多项试注试验,制定了适用于长庆油田低渗透油藏地层特性的注入水水质标准,形成了油田企业标准。

《长庆油田采出水回注技术指标》(Q/SY CQ 3675-2016)中注入水具体指标见表 3-5。

表 3-5　Q/SY CQ 3675-2016 长庆油田采出水回注技术指标

井口平均注水压力/MPa		<20	≥20
控制指标	悬浮固体含量/(mg·L⁻¹)	≤80.0	≤50.0
	含油量/(mg·L⁻¹)	≤80.0	≤50.0
	悬浮物颗粒直径中值/μm	≤10.0	≤5.0
	SRB 含量/(个·mL⁻¹)	≤$n\times10^1$	≤$n\times10^2$
	TGB 含量/(个·mL⁻¹)	≤$n\times10^2$	≤$n\times10^3$
	IB 含量/(个·mL⁻¹)	≤$n\times10^2$	≤$n\times10^3$
	平均腐蚀速率/(mm·a⁻¹)	≤0.076	
辅助指标	总铁含量/(mg·L⁻¹)	≤0.5	
	pH	6.5~9.0	
	溶解氧含量/(mg·L⁻¹)	≤0.5	
	二价硫含量/(mg·L⁻¹)	≤2.0	

注:1<n<10。

在执行此标准的情况下,通过提压、洗井、措施增注等技术手段,油藏基本能够保证水驱配注要求。长庆油田采出水回注油藏整体回注形势平稳,注水压力呈缓慢上升趋势,采油厂采出水整体注水压力为 9.9 MPa,超低渗注采出水区块注水压力为 13.8 MPa,视吸水指数呈平稳波动趋势。2016 年长庆油田各采油厂采出水回注区块压力情况统计见表 3-6。

表 3-6　长庆油田采出水回注区块情况统计表(2016 年数据)

单　位	初期压力/MPa	目前压力/MPa	压力上升幅度/MPa
采油一厂	7.6	8.9	1.2
采油二厂	10.5	13.1	2.6
采油三厂	8.2	8.8	0.6
采油四厂	5.3	6.4	1.1
采油五厂	12.5	13.3	0.9
采油六厂	6.3	6.8	0.6
采油七厂	12.1	12.3	0.1
采油八厂	10.3	9.4	-0.9
采油九厂	10.35	10.6	0.3
采油十厂	12.9	13.0	0.1
采油十一厂	14.2	17.6	3.4
采油十二厂	13.3	14.0	0.7
总计(平均值)	10.7	11.3	0.9

考虑到井口注入系统距离采出水处理系统出口较远,可能会造成沿程水质发生一定程度的恶化,因此应在回注指标的基础之上,对采出水处理水质进行更加严格的控制和要求。结合油田不同地区的油藏情况以及地方政府行政要求,分别针对陇东油区以及陕北、宁夏油区制定了不同的采出水处理水质标准。

长庆油田陕西区域、宁夏区域采出水回注指标严格执行油田公司总经理办公室第 154 号文件《采出水水质指标专题讨论会纪要》(2018 年 6 月 19 日)中的附件《长庆油田采出水水质推荐指标(试行)》,具体指标见表 3-7。长庆油田油藏分类见表 3-8。

表 3-7　长庆油田采出水水质推荐指标

油藏类型		超低渗透油藏	特低渗透油藏	低渗透油藏	中高渗油藏
平均空气渗透率/$10^{-3} \mu m^2$		≤1.0	>1.0~≤10	>10~≤50	>50
控制指标	含油量/(mg·L^{-1})	≤30.0	≤50.0	≤70.0	≤80.0
	悬浮固体含量/(mg·L^{-1})	≤30.0	≤50.0	≤70.0	≤80.0
	悬浮物颗粒直径中值/μm	≤5.0			≤10.0
	SRB 含量/(个·mL^{-1})	≤$n\times10^1$			≤$n\times10^2$
	TGB 含量/(个·mL^{-1})	≤$n\times10^2$			≤$n\times10^3$
	IB 含量/(个·mL^{-1})	≤$n\times10^2$			≤$n\times10^3$
	平均腐蚀率/(mm·a^{-1})	≤0.076			

续 表

油藏类型	超低渗透油藏	特低渗透油藏	低渗透油藏	中高渗油藏
平均空气渗透率/$10^{-3}\mu m^2$	≤1.0	>1.0～≤10	>10～≤50	>50

辅助指标	总铁含量/(mg·L^{-1})	≤0.5
	溶解氧含量/(mg·L^{-1})	≤0.1
	硫化物含量/(mg·L^{-1})	≤2.0
	pH	6.5～9.0

注:1<n<10。

表 3-8　长庆油田油藏分类表

油藏类型	空气渗透率范围/$10^{-3}\mu m^2$	平均空气渗透率/$10^{-3}\mu m^2$	典型油藏
中高渗透	>50.0	156	元城、吴起等侏罗系边底水油藏
低渗透	>10～≤50.0	19.5	侏罗系和三叠系长1～长3油藏
特低渗透	>1.0～≤10.0	2.01	安塞、靖安、西峰等三叠系长4+5及以下油藏
超低渗透	≤1.0	0.58	华庆、姬塬等油田三叠系长4+5及以下油藏

陇东油区采出水执行企标《陇东油田采出水处理水质指标及分析方法》(Q/SY CQ 08011—2019),具体指标见表3-9。

表 3-9　Q/SY CQ 08011—2019 陇东油区采出水水质推荐指标

油藏类型		超低渗透	特低～低渗透	中高渗透
平均空气渗透率/$10^{-3}\mu m^2$		≤1.0	>1.0～≤50	>50
控制指标	含油量/(mg·L^{-1})	≤30.0	≤40.0	≤50.0
	悬浮固体含量/(mg·L^{-1})	≤30.0	≤40.0	≤50.0
	悬浮物颗粒直径中值/μm	≤5.0		≤10.0
	SRB含量/(个·mL^{-1})	≤$n\times10^1$		≤$n\times10^2$
	TGB含量/(个·mL^{-1})	≤$n\times10^2$		≤$n\times10^3$
	IB含量/(个·mL^{-1})	≤$n\times10^2$		≤$n\times10^3$
	平均腐蚀率/(mm·a^{-1})	≤0.076		
辅助指标	总铁含量/(mg·L^{-1})	≤0.5		
	溶解氧含量/(mg·L^{-1})	≤0.1		
	硫化物含量/(mg·L^{-1})	≤2.0		
	pH	6.5～9.0		

注:1<n<10。

由表3-7和表3-9可以总结出,长庆油田两个区域采出水处理标准要求基本一致,最严一级标准均为含油、悬浮物≤双30 mg/L。随着渗透率升高,陇东油区的指标相较陕北、宁夏区域指标更为严格,陇东油区中高渗油藏含油、悬浮物≤双 50 mg/L。陕北、宁夏区域中高渗油藏含油、悬浮物≤双 80 mg/L。

标准主要控制指标为悬浮固体含量、含油量、悬浮物粒径中值、平均腐蚀率、硫酸盐还原菌(SRB)含量、腐生菌(TGB)含量、铁细菌(IB)含量。辅助指标为总铁含量、溶解氧含量、硫化物含量。

三、水质辅助指标的应用

1)当水质的主要控制指标已达到注水要求,注水又较顺利时,可以不考虑辅助性指标;如果达不到要求,为查其原因可进一步检测辅助性指标。

2)水中有溶解氧时可能加剧腐蚀。当腐蚀率不达标时,应首先检测溶解氧,油层采出水中溶解氧浓度最好小于 0.05 mg/L,不能超过 1.0 mg/L。

3)侵蚀性二氧化碳含量等于零时,此水稳定;大于零时,此水可溶解碳酸钙并对注水设施有腐蚀作用;小于零时,有碳酸盐沉淀出现。

4)系统中硫化物增加是细菌作用的结果。硫化物过高也可导致水中悬浮物增加。清水中不应含硫化物,油层采出水中硫化物浓度应小于 2.0 mg/L。

5)水的 pH 值以控制在 7±0.5 为宜。

6)水中含二价铁离子时,由于铁细菌作用可将二价铁离子转化为三价铁离子而生成氢氧化铁沉淀。当水中含硫化物(S^{2-})时,可生成 FeS 沉淀,使水中悬浮物增加。

第三节　低渗透采出水处理工艺历程

在长庆油田发展的不同时期,为了适应各阶段长庆油田的建设形势,长庆油田的采出水处理工艺也经历了连续的演变和发展。

2008 年以前,长庆油田多采用"两级除油＋两级过滤"的采出水处理工艺;2009—2010 年,多采用"两级除油(第一级自然沉降除油＋第二级混凝沉降除油)＋一级过滤";2011—2015 年为适应"标准化设计、模块化建设"要求,长庆油田以简化工艺流程、提高处理效率、降低工程投资、提高回注率为目标,按照设计标准化、工艺集成化的原则对油田采出水处理工艺进行了较大规模的简化、优化,并对辅助流程按照"模块施工、减少占地、方便管理"的原则进行了设备集成研究,形成了"一级沉降除油"的采出水处理工艺。自 2016 年以来,为适应国家针对油气勘探开发行业出台的愈加严格的安全环保生产要求,依托陇东采出水处理环评符合性治理工程、延安油区环评符合性治理工程等项目,研究、试验并应用了"沉降除油＋气浮除油＋过滤""沉降除油＋生化除油＋过滤"等工艺,最终优化定型为目前长庆油田低渗透采出水处理主体工艺。

一、"两级除油＋两级过滤"处理工艺

2008 年之前长庆油田采出水采用"两级除油＋一级过滤"工艺流程,两级除油包括一级

自然沉降除油串接一级混凝沉降除油,两级过滤为一级核桃壳过滤器串接一级纤维球或石英砂过滤设备。

二、"两级除油十一级过滤"处理工艺

2009—2010年期间,长庆油田采出水处理流程采用"两级除油(第一级自然沉降除油十一级混凝沉降除油)十一级过滤",推广应用了29座联合站。

三、"一级沉降除油"处理工艺

在采出水回注水质要求较宽松的情况下,站场采出水处理流程进一步缩短简化。2011—2015年,在原"两级除油十一级过滤"工艺基础上,按照"前端扩大,中间缩短,后端减小"的思路,通过扩大前端除油罐容积、增加自然沉降时间、提高除油效果,形成了"一级沉降除油"处理工艺。

四、"沉降除油十生化除油/气浮除油十过滤"处理工艺

这是目前长庆油田定型的低渗透采出水主体工艺。

沉降除油同"一级沉降除油"处理工艺。

二级除油生化工艺核心为从受石油污染的土壤中筛选出本源高效嗜油菌群,通过微生物的作用完成有机物的分解,将有机污染物转变成CO_2、水以及少量污泥。

二级除油气浮工艺,在含油污水中通入氮气或空气使水中产生微细气泡,同时依托涡旋流等作用,使污水中的乳化油和悬浮颗粒黏附在气泡上,最后通过上浮或离心去除。

后端过滤结合油藏情况选择过滤介质,一般为改性纤维束/纤维球、无烟煤、金刚砂、石英砂、磁铁矿、核桃壳等滤料。

第四章 采出水处理工艺技术

油田采出水处理的任务就是根据油田的渗透性和地层水的特点，有针对性地采取一定的处理工艺，以满足油田不同区块对注入水水质的要求。

第一节 处理方法分类

油田采出水的处理方法分为物理法、化学法、物理化学法、生物化学法。

一、物理法

物理法处理的对象为采出水中的矿物质、大部分固体悬浮物和油类物质等。主要方法包括重力分离、旋流分离、粗粒化、过滤等方法。

（一）重力分离

采出水的重力沉降法即自然除油法。它是根据油、悬浮固体和水的密度不同，利用油、悬浮固体和水的密度差在重力作用下使油上浮到水层表面收集，大颗粒悬浮物下沉至底部，从而达到油水分离并回收油的目的。油水分离效果与停留时间密切相关。受分离设备容积的制约，并不是任何大小的油滴均可分离，如乳化的油滴不可能被分离。此种方法只能去除水中油滴粒径大于 $254~\mu m$ 的油分。

重力除油的基本原理是假定在理想状态（各水层断面上流速一致）下，且油珠颗粒上浮时的水平分速度等于水流速度，油珠颗粒在重力作用下以等速上浮，与水层分离，而油珠颗粒一上浮到水面则立即被去除（无堆积）。浮升速度可用斯托克斯公式计算。

自然除油法的设备主要是立式除油罐，包括中心筒、配水管、集水管、溢流管等内部配件。石油采出水经进管道运输流入罐内的中心筒，通过配水管进入沉降区进行自然沉降。由于采出水中直径较大的油颗粒（主要是悬浮油）与水有密度差，在重力的作用下首先上浮至水层之上，形成油层。而直径较小的油颗粒（主要是乳化油）则随水向下方流动，在相互碰撞后，会形成直径较大的油颗粒而上浮。直径更小的油颗粒（主要是溶解油）则没有上浮的能力，它们会随着水流一起进入集水管内流出立式除油罐。

在立式除油罐内有三种油水运动的过程，包括重力推动浮升过程、油水对流碰撞聚结过程，以及油层的相溶吸附过程。这三大运动过程决定了立式除油罐具有很高的悬浮油去除率。

重力除油主要去除游离态油和机械分散态油,包括自然除油法、斜板除油法、浮板除油法、机械分离法。该技术对废水中的浮油、分散油和一定程度的乳化油有很高的去除能力,且处理效果稳定、运行费用低、管理方便。其缺点是占地面积大,对乳化油的处理效果不好,污水停留时间长。由于油田含聚污水油水乳化严重,该技术很少单独使用。

(二)旋流分离

采出水在一定压力下通过渐缩管段,使水流高速旋转,在离心力作用下,利用油水的密度差进行油水分离。水力旋流有固定式和旋转式两种,目前油田使用的是固定式。

旋流分离主要依托水力作用或容器高速旋转,形成离心力场。因颗粒和污水的质量不同,受到的离心力也不同,相对密度大的水受到较大的离心作用被甩到外侧;相对密度小的油珠则被留在内侧并聚结成大的油珠而上浮,达到分离的目的。常用的设备是水力旋流器,它能去除粒径在 15 μm 以上的油珠。

旋流分离效果主要受油分散相粒径、液体温度和待分离油水液相密度差三者的影响。当采出水密度差小于 0.05 g/cm² 、含砂量较大时,均不宜采用旋流分离。

(三)粗粒化

粗粒化法,又称聚结法,是分离油田采出水中分散油的物理方法。在粗粒化材料的作用下,油田采出水中细微油粒聚结成为粗大的油粒,在重力作用下迅速实现油水分离。

聚结指含油废水通过一个装有填充物(聚结材料)的装置,在废水流经填充物时,使油粒由小变大的过程,聚结除油是聚结及相应的分离过程的总称。经过聚结法处理的废水,其含油量及污油性质并不发生改变,只是更容易用重力分离法将油去除。粗粒化材料按外形分为粒状和纤维状两种,前者可以重复使用,后者适合一次性使用。国内的粗粒化装置主要采用 3~5 mm 的粒状材料。按材质分为天然与人造两种,天然材料有无烟煤、蛇纹石、石英砂等,人造材料有聚酯、聚丙烯、聚乙烯、聚氯乙烯等。某些经加工后的板材能使油珠粗粒化,这种板称聚结板。常用的聚结板有聚氯乙烯、聚丙烯塑料、玻璃钢、碳钢和不锈钢等。影响粗粒化的因素主要是粗粒化材料性质和采出水水质。此方法主要用于去除分散油及浮油。

(四)过滤

采出水流经颗粒介质或多孔介质进行固液(或液液)的过程称作过滤。过滤工艺的主要目的是去除采出水中的悬浮固体、分散油、乳化油。

过滤时,将采油污水引导流过装有滤料的过滤器时水中的油珠和悬浮物被截留去除,此法一般用于采出水处理的末端,以去除采出水中的少量悬浮物和部分乳化油。近年来,纤维材料得到了快速的发展,以纤维作滤料主要材料的高密度纤维球/纤维束过滤器,在污水过滤时滤料可以形成上大下小的空隙分布,同时又具备较好的反冲洗效果且滤料不需补充。过滤在去除悬浮物方面较为高效,兼而去除部分化学需氧量(COD)和生化需氧量(BOD)。过滤法除油对水质要求比较严格,适合作为除油工艺的末端处理技术。

根据过滤材料的不同,过滤器分为颗粒材料过滤器和多孔材料过滤器两大类。目前油田使用的主要是颗粒材料过滤器。

二、化学法

化学法主要是利用添加水处理药剂来去除采出水中乳化油等部分胶体和溶解性物质。化学法主要包括:混凝沉淀、氧化还原和水质改性。

(一)混凝沉淀

关于"混凝"一词,目前尚无统一规范化的定义。一般认为水中胶体"脱稳"——胶体失去稳定性的过程,称"凝聚";脱稳胶体相互聚集,称"絮凝";"混凝"是凝聚和絮凝的总称。

通过向采出水中投加混凝剂,使细小悬浮颗粒和胶体微粒聚集成较粗大的颗粒而沉淀,得以与水相分离,使采出水得到净化。

影响混凝效果的因素很多,但以混凝剂、原水水质两个因素最为明显。混凝沉淀是去除采出水浊度、细小的悬浮物和胶体的一种主要方法。

混凝可以在不改变现有工艺的基础上通过添加絮凝剂加速油水分离。按照化学成分与组成,絮凝剂可分为无机物、有机物、复合物、微生物絮凝剂 4 类。目前用常规絮凝剂处理含聚合物污水存在的主要问题是药剂用量太大,一般污水中含有 $400\sim500$ mg/L 聚合物,则大约需要投加相同浓度的絮凝剂。

(二)氧化还原

利用溶解于采出水中的有毒有害物质能被氧化或还原的性质,把它转化为无毒无害的新物质,这种方法称为氧化还原。

在任何氧化还原反应中,有得到电子的物质就必然有失去电子的物质,因而氧化和还原必定同时发生。得到电子的物质称氧化剂,失去电子的物质称还原剂。

油田采出水由于性质复杂,单独采用氧化还原运行成本高,故多作为生物化学法处理的补充措施。

(三)水质改性

水质改性技术是通过离子调整的方法去除水中的 CO_2 和 HCO_3^-,使水质由弱酸性变为碱性,并通过加入其他药剂来屏蔽金属离子,改变污水水质,能有效地抑制腐蚀和结垢,使得污水的油含量、总铁含量、硫酸盐还原菌(SRB)等主要技术指标达到回注标准。它能够用于采油污水配制聚合物溶液后注入地层,是一种较新的水质处理技术。

三、物理化学法

油田采出水物理化学处理法通常包括气浮法和吸附法两种。

（一）气浮法

在采出水中加入微小气泡，使采出水中颗粒为 0.25~25 μm 的乳化油和分散油或悬浮颗粒黏附在气泡上，形成密度小于水的气浮体，在浮力的作用下，上浮至水面被撇除，达到采出水除油、除悬浮物的目的，这就是气浮法。气浮法可有效去除采出水中的悬浮固体、分散油、乳化油。影响气浮效果的主要因素是采出水矿化度、采出水中原油类型、温度和 pH 值。

气浮除油通常是在石油采出水中通入压缩空气等方法使水中产生细小气泡，再加入特定的优选浮选药剂及混凝药剂，使石油采出水中的乳化油（颗粒直径为 0.25~25 μm）、悬浮油以及悬浮物（SS）黏附在细小气泡上，并随气泡一起上浮到水面上通过刮渣去除，从而达到石油采出水除油、除悬浮物的目的，为下一步工艺创造有利的条件，这是采出水处理工艺的关键一环。

气浮法按气源划分为电解气浮法、散气气浮法、溶气气浮法。油田在用较多的是溶气气浮法。

气浮法按微小气泡产生的方式可分为充气式气浮法、溶气式气浮法。

充气式气浮法一般在气浮池内直接利用空气压缩机通过微小孔隙通入压缩空气，形成微小气泡（直径大约为 1 000 μm），去除悬浮物的效果尚可，但乳化油较难去除。因此该法较少应用于含聚合物采出水处理工艺的气浮模块中。

溶气式气浮法一般是通过溶气泵使气体（一般为空气）在溶气罐内较高的压力下溶于含油污水中呈饱和状态，然后使气浮池内污水压力骤然降低，气体便会以微小气泡的形式从水中析出并吸附油颗粒和悬浮物上浮。溶气式气浮法所形成的微小气泡直径一般只有 30 μm 左右，并且可以通过溶气泵控制流速，通过溶气罐控制溶气量，从而控制微小气泡的大小和微小气泡与污水接触的时间（即停留时间），因此去除悬浮物和乳化油的效果较好。

溶气式气浮法所用的设备主要有溶气泵、溶气罐、压力表、减压阀和尺寸适当的气浮池。溶气泵有两个作用：一方面提升污水使污水进入气浮池内；另一方面是对水和气的混合物加压，使气体得以顺利地在溶气罐内以饱和状态溶入污水中，水和气的混合物在溶气罐内的停留时间通常为 2 min 左右。通过减压阀和压力表来维持溶气罐出口的压力，使得气泡在出溶气罐后的直径和数量保持在较好的状态。气浮池一般采用平流式，使得微小气泡稳定释放并且表层的悬浮物稳定不易破坏，从而通过刮渣去除。

（二）吸附法

利用吸附剂的多孔、比表面积大且表面疏水亲油的特性，降低采出水的表面能，使采出水中一种或多种物质被吸附在吸附剂表面或孔隙内，达到水质净化的目的，这就是吸附法。具有吸附能力的多孔性固体物质称为吸附剂，而采出水中被吸附的物质称为吸附质。根据吸附剂表面的吸附能力可将吸附作用分为：物理吸附、化学吸附、离子交换吸附。

影响吸附效果的主要因素为：吸附剂的性质、吸附质的性质、吸附操作条件。

吸附剂分为粉末状和颗粒状两种类型。常用的吸附材料是活性炭，由于其吸附容量有限，且成本高，再生困难，使用受到一定的限制。故粉末状吸附剂主要用于事故应急，颗粒状吸附剂主要用于采出水的深度处理。

四、生物化学法

油田采出水有机物主要是石油类和开采过程中投加的各种有机化学药剂(破乳剂、表活剂、降阻剂、缓蚀剂、阻垢剂、杀菌剂、浮选剂等)。上述药剂都可表现为COD(化学需氧量),因此,有的采出水原水中COD高达2 000 mg/L左右。这些有机物以悬浮状、胶体状和溶解状形态存在于采出水中,属难降解的有机废水。

生物化学法就是通过微生物的代谢活动,将采出水中复杂的有机物分解为简单物质,将有毒物质转化为无毒物质,达到净化水质的目的。

生物化学处理研究是国内研究的热点,主要包括微生物絮凝技术、生物流化床、SBR技术(序列间歇式活性污泥法)和A/O技术(缺氧-好氧处理工艺)。对于可生化性较好的采出水,采用SBR技术对COD有较好的处理效果。但是大多数采油废水可生化性差,主要原因在于废水本身含有许多生物难降解物质,而且废水中含有的多环芳烃类物质以及生产过程中使用的化学添加剂等可能具有生物抑制作用。目前多采用厌氧-水解酸化处理技术来改善废水的可生化性。虽然生物处理技术已经获得一些成功应用,但由于采油废水高温、高矿化度、高含油以及化学破乳剂的生物抑制性等特点使得菌种所受冲击能力太强,同时也难以管理,致使这一处理技术难于推广。

采出水的微生物除油技术,是指采用优选驯化的细菌使采出水中的有机物大分子变成小分子或去除,降低有机物对采出水处理工艺的不良影响,甚至还可回收小部分的原油。其中部分细菌还会对原油和有机污染物具有一定的降解作用,进一步降低采出水的油含量和COD,再通过后续工艺使采出水达到回注的标准。

一般微生物法除油工艺在污水处理厂都是在整个工艺模块的末端,因为微生物的抗冲击能力较弱,驯化时间长,需要严格控制其进水指标,才能使系统稳定、高效的运行。

微生物一般具有分布范围广、繁殖速度快、可驯化、适应性强等优点,在含聚采出水处理工艺中逐渐受到重视。

国内油田主要采用的生化处理方法为生物接触法、稳定塘。

(一)生物接触法

生物接触法是由浸没在采出水中的填料和曝气系统构成的处理方法。在有氧条件下,采出水与填料表面的生物膜广泛接触,使采出水得到净化。这是一种介于活性污泥法与生物滤池之间的生物处理技术。

(二)稳定塘

稳定塘是经过人工适当修整、设围堤和防渗层的污水池塘,习惯称氧化塘。这是一种主要依靠自然生物净化功能使污水得到净化的污水生物处理技术。其净化全过程包括好氧、兼性和厌氧3种状态。

影响生化效果的主要因素为:盐度、温度、初始pH值。其主要用于去除难降解的有机废水,实现采出水的达标排放。长庆油田在用的是生物接触法。

第二节 处理工艺流程

一、工艺流程组成

长庆油田采出水处理工艺流程一般由主流程、辅助流程和水质稳定处理流程三部分组成。
主流程主要包括水质净化工艺流程、水质生化工艺流程。

辅助流程主要包括原油回收流程、自用水回收流程、污泥处理流程。

水质稳定处理流程主要控制采出水对金属腐蚀、结垢和微生物等的危害,包括系统密闭工艺流程、真空脱氧工艺流程、pH 值调节工艺流程、投加水质处理剂工艺流程。

二、主体流程分类

根据长庆油田的实际情况,近年来油田采出水处理采用的工艺流程主要有以下四种。

(一)"两级除油+两级过滤"处理工艺

2008 年之前,长庆油田采出水采用"两级除油+两级过滤"工艺流程,两级除油包括一级自然沉降除油串接一级混凝沉降除油,两级过滤为一级核桃壳过滤器串接一级纤维球或石英砂过滤设备。这种采出水处理工艺满足了油田采出水处理的基本要求,但其工艺设施多、占地大、流程长、系统能耗高、过滤系统复杂、运行维护不便。随着运行时间的增长,处理工艺流程长,导致水质呈逐渐恶化的趋势,因此应该尽量缩短处理工艺流程,避免产生二次污染,提高采出水水质。该工艺滤料的抗冲击能力较弱,较易受污染,反冲洗频率较高,工艺流程如图 4-1 所示。采用该工艺的采出水处理站点各节点水质情况见表 4-1。

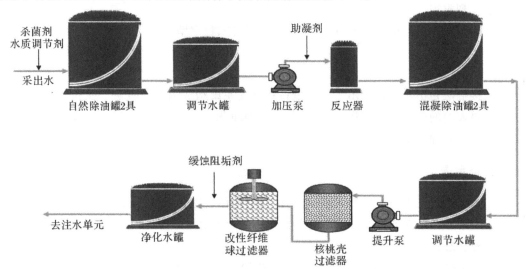

图 4-1 "两级除油+两级过滤"采出水处理工艺流程简图

表 4-1　"两级除油＋两级过滤"相关站点水质分析一览表

序号	站　点	处理量 m³/d	沉降罐或三相分离器出口		除油罐出口		过滤器或净水罐出口	
			含油量 mg/L	悬浮物含量 mg/L	含油量 mg/L	悬浮物含量 mg/L	含油量 mg/L	悬浮物含量 mg/L
1	王窑集中处理站	2 200	126	20.2			20.5	21.5
2	坪桥集中处理站	1 650	110	28.3	80.5	22.7	23.3	18.2
3	王十六转	800	103	23.3	85.7	31.3	45.7	32.9
4	王十八转	520	50	23.7	69.5	15.9	42.5	27.5
5	西一联	1 100	124	98.3	80.5	79.8	15.2	12.2
6	西二联	240	116	89.6	85.9	65.6	12.2	9.6
7	南 102 转	1 000	149	125.4	128	105	48.5	43.5
8	中集站	700	156	191	124	112	64.7	49.5
9	刘坪站	1 900	112	56.6			21.1	18.8
合计(平均值)		6 465	118	52.5	63.8	13.9	32.6	26.0

(二)"两级除油＋一级过滤"处理工艺

2009—2010 年期间,长庆油田采出水处理流程采用"自然沉降除油＋一级混凝沉降＋一级过滤",推广应用了 29 座联合站。工艺流程如图 4-2 所示。

自然除油沉降罐　　加压泵　　反应器　　混凝除油沉降罐　流砂过滤器　净化水罐
图 4-2　"两级除油＋一级过滤"采出水处理工艺流程简图

采出水首先进入自然除油沉降罐,通过重力自然沉降,可去除大颗粒的悬浮物(直径≥ 20 μm)和粒径在 100 μm 以上的粗粒径浮油、细分散油。设置自然沉降工序能有效减少絮凝剂投加量,减少污泥、浮渣量,提高污油回收率。自然除油沉降罐采用上配下集的方式,底部设排泥装置,上部设收油槽收集浮油。有效沉降停留时间为 4～6 h。同时对除油罐内部进行了重新调整设计,将传统的除油罐和调节罐合二为一,兼具调节水量、均合水质的作用。除油沉降罐采用浮动收油方式。

采出水经自然除油沉降罐处理后,水中剩余的悬浮物和油分具有较强的稳定性,很难沉降去除,需投加化学药剂,使其脱稳凝聚、吸附架桥为大颗粒絮凝体,沉淀去除。自然除油沉降罐出水加压经混凝反应后自下而上进入混凝除油沉降罐,在罐底部穿过污泥层截留大部分悬浮物,在罐中部上行穿过斜管层悬浮物与水高效分离,水中油在斜管壁聚结上浮;污泥在底部与水分离;斜管沉降表面负荷小、易分离;罐内有布水、分离、集水、收油等功能分区;溢流偃收油;罐出水高度出水靠自然水头直接进过滤器,内部附件采用不锈钢耐腐构件。

过滤器采用重力式过滤器,利用逆向过滤原理,通过较厚的滤层来截留水中杂质。滤料为一种特殊的石英砂,滤床稳定,过滤精度高。运行方式为连续过滤,不需停机反冲洗,截污量大,出水水质稳定。过滤水头仅 1.5 m,利用水罐高差就可满足过滤要求,不需设置加压泵和泵前调节罐,因此设备动力运行费用较低。

采出水处理工艺主流程突出提高自然沉降除油、混凝沉降效率,降低过滤环节压力,系统一次提升后重力流运行,处理效果稳定,管理方便,能耗低。流程取消了两级调节罐,将二级加压简化为一级加压;优化了一级自然除油沉降罐和混凝除油沉降罐,增加除油罐停留时间,降低表面负荷;两级过滤器简化为一级重力连续过滤。采用该工艺的采出水处理站点各节点水质情况见表4-2。

表4-2 "两级除油+一级过滤"相关站点水质分析一览表

采出水处理站名称	设计能力 m³/d	实际处理量 m³/d	取样位置	总铁含量 mg/L	含油量 mg/L	悬浮物含量 mg/L	含硫量 mg/L	腐生菌含量 个/mL
张渠集中处理站	1 600	1 474	三相分离器出口	0.3	43.6	38.2	30	$10^2 \sim 10^3$
			自然沉降罐出口	0.3	33.1	16.2	20	$10^1 \sim 10^2$
			絮凝除油罐出口	0.3	18.1	8.9	20	$10^2 \sim 10^3$
			净水罐出口	0	20.1	4.8	20	$1 \sim 10$
艾家湾	1 000	760	三相分离器出口	4	139	366	12	$10^3 \sim 10^4$
			自然沉降罐出口	1	86	189	12	$10^2 \sim 10^3$
			絮凝除油罐出口	0.2	39	33	14	$10^2 \sim 10^3$
			流砂过滤器出口	6	6	14	16	$10^2 \sim 10^3$
贺一转	480	300	沉降除油罐出口	0.7	16.5	102.5	80	$10^3 \sim 10^4$
			絮凝沉降罐出口	0.7	14.5	62.5	80	$10^3 \sim 10^4$
			净水罐出口	0.5	13.3	35.5	60	$10^2 \sim 10^3$

该工艺采用两段除油,工艺药品投加种类多,加药顺序依次为水质调节剂、混凝剂、助凝剂,在日常生产运行中还需根据药剂性质、工艺要求,严格地按先后顺序加入水中各加药点调节,增加了运行维护的难度,由于基层单位不具备药剂筛选和评价能力,运行效果不佳,同时正常运行的药剂费用较高,采出水投加药剂成本为4.29元/m³。

(三)"一级沉降除油"处理工艺

在采出水回注水质要求较宽松的情况下,站场采出水处理流程进一步缩短、简化。2011—2015年,在原"二级除油+过滤"工艺基础上,按照"前端扩大,中间缩短,后端减小"的思路,通过扩大前端除油罐容积,增加自然沉降时间、提高除油效果,形成了"一级沉降除油"处理工艺。

工艺流程如图4-3所示。

对于联合站及水量较大的水处理站场,预留过滤处理工艺。一级沉降除油处理过程中只投加杀菌和缓蚀药剂。在原"二级除油＋一级过滤"工艺基础上,通过扩大前端除油罐容积、增加沉降时间、提高除油效果,形成了"一级沉降除油"处理工艺。处理系统配套负压排泥系统,采用非金属管材,投加杀菌剂和缓蚀阻垢剂等化学药剂进行防腐防垢。目前该工艺在油田新建产能、油田维护改造、安全环保隐患治理等项目中推广应用。

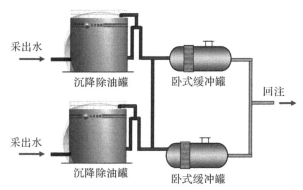

图4-3　"一级沉降除油"采出水处理工艺流程简图

沉降除油罐沿用之前的设计,主要为重力沉降、浮动收油。除油罐是油田采出水处理中一级除油的关键设备,其运行效果对处理系统工艺的选择、处理效果产生直接影响。除油罐罐底污泥主要成分为从油层中带出来的泥砂、石油类物质、各种盐类、腐蚀产物、有机物和微生物,具有黏度大、流动性差的特点。污泥量约占处理水量的1%～3%,含水率达99%。彻底排除罐底污泥与否关系到除油罐的运行效果,未能彻底排除罐底污泥会造成污泥在处理系统内堆积、出水水质变差。

同时采用卧式玻璃钢缓冲水罐代替了立式净化水罐。安全方面的措施有:①配置罐顶溢流口、呼吸阀、人孔及罐底排污;②设计高、低液位监测与报警装置。卧式玻璃钢缓冲水罐示意图如图4-4所示。缓冲水罐后续喂水泵、注水泵未出现压力波动等情况。

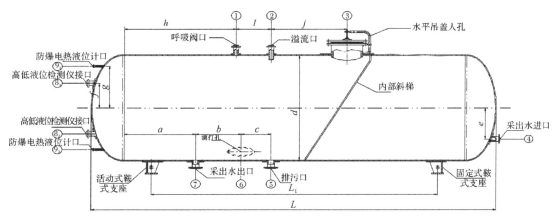

图4-4　卧式玻璃钢缓冲水罐示意图

系统采用橇装一体化加药装置,加药量随水量变化,实现了定比例加药,为稳定处理效果提供了保证。系统一般设 3 个加药点,杀菌剂加在沉降除油罐进水、缓冲水罐进水处,缓蚀阻垢剂加在缓冲水罐进水处。

"一级沉降除油"采出水处理工艺具有流程简化、建设成本低、占地面积小、管理方便、能耗低等优势,基本满足了油田采出水回注要求,但水处理效果不稳定,且采出水处理设施仅有除油罐一种。考虑到检修等因素,除油罐需设双罐。采用该工艺的采出水处理站点各节点水质情况见表 4-3。

表 4-3 "一级沉降除油"相关站点水质分析一览表

站 名	处理规模/(m³·d⁻¹)		沉降罐(三相分离器)出口		除油罐出口/缓冲水罐	
	设计	实际	含油量 mg/L	悬浮物含量 mg/L	含油量 mg/L	悬浮物含量 mg/L
油一转	700	400	153.9	63.4	142	50
白二联	800	780	87.9	101	52	78
候市站	1 200	750	125	19.6	85.4	16
姬二联	1 000	550	33.7	22.5	28.5	20.3
油一联	2 000	1 500	99.88	80	80.27	60
靖一联	2 500	1 900	107.1	140	95.3	80
庄一注	3 000	1 400	67.5	28.2	58.36	16
杨米涧	1 000	400	96.5	43.2	67.5	38.2
大路沟站	1 400	920	112.3	85.2	86.5	65
学一联	1 200	1 000	89.2	76	85.4	67
吴三联	300	260	53.2	34.2	43.5	22

(四)"沉降除油+生化除油/气浮除油+过滤"处理工艺

这是目前长庆油田定型的低渗透采出水处理工艺。

沉降除油同"一级沉降除油"处理工艺。

二级除油生化工艺核心为从受石油污染的土壤中筛选出本源高效嗜油菌群,通过微生物的作用完成有机物的分解,将有机污染物转变成 CO_2、水以及少量污泥。

二级除油气浮工艺,在含油污水中通入氮气或空气使水中产生微细气泡,同时依托涡旋流等作用,使污水中的乳化油和悬浮颗粒黏附在气泡上,最后通过上浮或离心去除。

后端过滤结合油藏情况选择过滤方式,一般选用改性纤维束、无烟煤、金刚砂、石英砂等滤料,或采用膜过滤方式。

气浮工艺简述:三相分离器来水进入沉降除油罐,经过沉降除油后进入一体化油田水处理装置。一体化装置前段设置缓冲水箱,除油罐出水进入缓冲水箱,经提升泵提升加压后进入分离罐。在分离罐进口的管线上进行溶气,出水沿切线进入分离罐内产生涡流旋转,通过涡流旋转产生离心力将油向内圆运移,同时水中悬浮的小颗粒被混凝成大颗粒、片状颗粒被混凝成球形颗粒;油在内圆聚集后在浮力作用下上浮至罐顶,并从罐体顶部的收油口排出,同时离心分离后的水和悬浮在水中固体颗粒改向,向下运移,依靠惯性和流速骤减将矾花大颗粒沉降到罐底,从罐底排污口排出。分离罐出水进入两级过滤罐,通过向心气浮除油,微涡旋除污降浊和过滤作用进行深层次处理,完成防除垢、缓蚀杀菌处理后进入缓冲水罐回注。"沉降除油＋气浮除油＋过滤"采出水处理工艺流程简图如图4-5所示。采用该工艺的采出水处理站点各节点水质情况见表4-4。

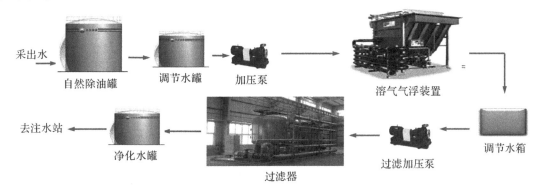

图4-5　"沉降除油＋气浮除油＋过滤"采出水处理工艺流程简图

表4-4　"沉降除油＋气浮除油＋过滤"相关站点水质分析一览表

站名	处理规模		三相分离器出口		沉降除油罐出口		气浮处理设施出口			两级过滤器出口		
控制指标	设计值	实际值	石油类物质含量	悬浮物含量	石油类物质含量	悬浮物含量	石油类物质含量	悬浮物含量	粒径中值	石油类物质含量	悬浮物含量	粒径中值
	m^3/d	m^3/d	mg/L	mg/L	mg/L	mg/L	mg/L	mg/L	μm	mg/L	mg/L	μm
城三转（侏罗）	500	410	223.4	114.4	14.4	15.1	22.5	26.0	3.12	10.5	7.1	1.14
庆四联	500	488	191.4	83.0	15.8	79.6	19.3	23.7	—	5.2	36.0	0.727
庄五转	300	197	257.6	147.4	6.3	28.8	7.6	15.9	—	4.2	11.3	0.69

生化工艺简述:三相分离器来水进入沉降除油罐经过沉降除油后进入微生物处理区。微生物处理区前端设冷却塔,对来水温度进行检测,水温超过45℃时经过冷却塔进行降温;水温低于45℃时,来水不经过冷却塔直接进入不加药气浮预处理区,对浮油和细分散油进行去除和回收。气浮处理后出水进入微生物反应池,在生物反应池中投加培养好的高效优势生物菌群,通过细菌的代谢完成对水中有机物及油类的降解。生物反应池出水自流进入沉淀池,通过重力沉降作用去除水中的悬浮颗粒,沉淀池底部污泥定期外排。沉淀池上清液自流进入中间水池,然后用泵提升至两级过滤器,通过具有孔隙的装置或通过由某种颗粒介质组成的过滤层,通过油珠截留、筛分、惯性碰撞等作用,使水中的悬浮物和油分等得以去除。过滤器出水进入缓冲水罐,然后进行回注。微生物处理适用于环境温度为10～45℃(最佳温度20～35℃)、矿化度≤150 g/L和pH6～9的条件。"沉降除油＋生化除油＋过滤"采出水处理工艺流程简图如图4-6所示。

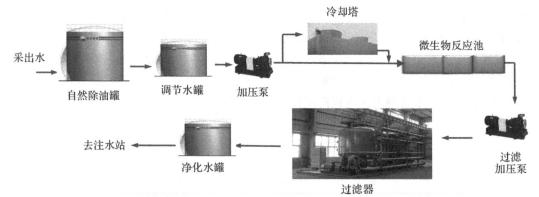

图4-6 "沉降除油＋生化除油＋过滤"采出水处理工艺流程简图

表4-5 "沉降除油＋生化除油＋过滤"相关站点水质分析一览表

站名	处理规模		三相分离器出口		沉降除油罐出口		生化处理设施出口			两级过滤器出口		
控制指标	设计值	实际值	石油类物质含量	悬浮物含量	石油类物质含量	悬浮物含量	石油类物质含量	悬浮物含量	粒径中值	石油类物质含量	悬浮物含量	粒径中值
	m³/d	m³/d	mg/L	mg/L	mg/L	mg/L	mg/L	mg/L	μm	mg/L	mg/L	μm
环二联	1 000	620	223.4	114.4	14.4	15.1	22.5	26.0	3.12	11.2	6.5	0.914
南梁集油站	1 000	752	371.5	236.5	214.9	150.8	15.1	19.0	4.87	10.6	12.5	0.727
环五转	300	135	211.5	69.9	69.4	68.1	5.0	3.1	12.80	1.5	1.9	1.23

三、工艺适应性分析

采出水的水质随开发油藏的地质条件、原油特性等的不同而不尽相同。采出水处理的任务就是根据油田回注油藏的空气渗透率和地层水物性特点,有针对性地采取一定的处理工艺,满足油田不同区块对注入水水质的要求。

对于含油量和悬浮物去除的理念是:先用物理法进行去除,然后采取物理、化学、生物等其他方法,有效减少絮凝剂投加量,减少污泥、浮渣量,提高污油回收率。物理法通常采用自然沉降方法,常用的一级处理设施为沉降除油罐。

根据粒径,油田采出水中的油珠可分为浮油(大于 $100~\mu m$)、细分散油($10\sim100~\mu m$)、乳化油($0.1\sim10~\mu m$)、溶解油(小于 $0.1~\mu m$)等。对浮油,一般通过静置或缓慢流动,借助油粒与水的比重差,油粒可上浮到水面,实现油水分离;细分散油则以胶体形态分布在水中,相对稳定,需通过较长的时间方能上浮升至水面;乳化油和溶解油则很稳定,采用自然沉降方法很难分离。

"一级除油"可去除大颗粒的悬浮物(直径 $\geqslant 20~\mu m$)和浮油、部分细分散油。对于自然沉降法不能去除的小颗粒悬浮物、乳化油和溶解油,需要借助外界力的作用进行去除,常用气浮、生化、旋流等方法,通常称为"二级除油"。

一级除油及二级除油运行控制指标如下：

1）一级除油运行控制指标：

进水：油、悬浮固体含量≤300～350 mg/L；

出水：油、悬浮固体含量≤100～150 mg/L；

2）二级除油运行控制指标：

进水：油、悬浮固体含量≤100～150 mg/L；

出水：油、悬浮固体含量≤50～80 mg/L；

因此，油、悬浮物含量达到采出水回注指标要求的标准，必须采取"两级除油"。

一些常用的概念如下：

悬浮固体：通常是指在水中不溶解而又存在于水中且不能通过过滤器的物质（采用平均孔径为 0.45 μm 的纤维素脂微孔膜过滤，经汽油或石油醚溶剂洗去原油，经蒸馏水洗盐后，膜上不溶于油和水的物质）。悬浮固体反映采出水中的悬浮物总量的概念。

颗粒直径中值：水中颗粒的累积体积占颗粒总体积50%时的颗粒直径。颗粒直径中值反映采出水中悬浮物的粒径大小。

通过前段的"二级除油"后悬浮物含量降低，但是悬浮物的粒径不能控制到标准要求，需进一步过滤处理。

过滤：采出水中的絮粒、油粒、悬浮物、微生物以及胶体颗粒液流经颗粒介质或表层层面进行固液分离的过程。

过滤处理的思路：一般是先粗过滤，再细过滤。粗过滤作为细过滤的保安过滤，对经过前段处理后的油和悬浮物固体进一步去除，确保后续细过滤能平稳、达标运行。控制不同颗粒直径中值需选择不同的过滤工艺和不同的过滤级数。

根据工艺分析及多年工艺试验应用，长庆油田目前应用的主体采出水处理工艺为"沉降除油＋气浮＋过滤""沉降除油＋生化＋过滤"两种工艺技术。工艺对比见表4-6。

表 4-6 采出水处理工艺对比表

内 容	生化＋过滤工艺	气浮＋过滤工艺
优点	①正常运行不添加营养剂，水质波动时需添加营养剂，运行费用低； ②适合来水波动较大的工况，耐冲击负荷能力较强，出水水质稳定； ③污泥产量少，基本为无机类； ④自动化程度高，现场操作管理简单； ⑤工程投资低	①独立橇装模式，占地面积小（11.4 m×3 m），设备紧凑； ②不添加絮凝剂、助凝剂等常规的药剂； ③污泥产生量少； ④自动化程度高，运行管理方便
缺点	①占地面积大：大规模常规混凝土生化反应池占地大，小规模橇装生化＋过滤一体化装置为组合橇，占地面积较大（20m×13m）； ②大规模采出水处理生化反应池土建施工周期长	①水质波动对运行效果影响比较大； ②前端须配套缓冲水罐

续 表

内容	生化＋过滤工艺	气浮＋过滤工艺
适用范围	不适用于含硫站场，含硫气体可能逸散	适用范围广泛
运行费用	$0.3 \sim 0.45$ 元$/m^3$	$0.8 \sim 0.95$ 元$/m^3$
工艺推荐原则	①来水可生化系数（BOD/COD 比值）大于 0.4 的优先选用生化＋过滤工艺； ②来水不含措施返排液等其他组分的优先选用生化＋过滤工艺； ③预留空地较小的选用气浮＋过滤工艺	

第三节　沉降及除油

一、自然除油

(一)基本原理

自然除油属于物理法除油范畴，是一种重力分离技术。它是利用油、悬浮固体和水的密度差，依靠重力进行油、悬浮固体和水的分离。

这种理论忽略了进、出配水口水流的不均匀性、油珠颗粒上浮中的絮凝等影响，认为是在理想状态下进行重力分离，即假定：过水断面上各点的水流速度相等，且油珠颗粒上浮时的水平分速度等于水流速度；油珠颗粒以等速上浮；油珠颗粒上浮到水面即被去除。

根据修正的斯托克斯公式，分离最小粒径油珠的上浮速度为

$$v = \frac{\beta g}{18 \mu \varphi}(\rho_w - \rho_o)d^2 \qquad (4-1)$$

式中　v——直径为 d 的油珠的上浮速度，m/s；

　　　d——可上浮最小油珠的粒径，m，$1\ \mu m = 10^{-6}\ m$；

　　　μ——水的绝对黏滞性系数，kg/(m·s)，$1\ Pa·s = 1\ kg/(m·s)$；

　　　g——重力加速度，m/s^2，$g = 9.81\ m/s^2$；

　　　ρ_w——水的密度，kg/m^3；

　　　ρ_o——油的密度，kg/m^3；

　　　φ——受水流不均匀紊流影响的修正系数，取 $1.35 \sim 1.5$；

　　　β——考虑废水悬浮物引起的颗粒碰撞的阻力系数，可按下式计算：

$$\beta = \frac{4 \times 10^4 + 0.8S^2}{4 \times 10^4 + S^2} \qquad (4-2)$$

式中，S 为废水中悬浮物浓度。β 可取 0.95。

除油罐的除油效率为除油罐水平面积的函数，即

$$E = \frac{v_0}{Q/A} \tag{4-3}$$

式中　E——油珠去除率,%;

　　　v_0——任一油珠的上浮速度,m/s;

　　Q/A——表面负荷,$m^3/(m^2 \cdot s)$;

　　　Q——处理流量,m^3/s;

　　　A——斜管的投影面积,m^2。

在其他条件相同时,池深越浅,浮升时间越短,除油效率越高,此即"浅池理论"。当去除对象的密度、颗粒直径、介质的温度等为定值时,Q/A成为决定除油罐除油效率的主要因素,增大除油罐的工作表面积便会在保持相同处理水平时,增加处理水量,提高去除率。

(二)一般规定

1)除油罐形式的选用,应根据处理工艺流程、采出水水质、采出水中的油品性质、处理规模、处理后的水质要求,通过技术经济比较确定。

2)进入自然除油罐的采出水含油量不宜大于 500 mg/L,进入混凝除油罐的采出水含油量不宜大于 200 mg/L。经自然除油后,采出水中的含油量不宜大于 80 mg/L,悬浮物含量不宜大于 100 mg/L。经混凝除油后,采出水中的含油量不宜大于 50 mg/L,悬浮物含量不宜大于 50 mg/L。

3)除油罐的设计介质温度应按照采出水最高温度确定,一般不应大于 80℃,工艺计算时,应按油田采出水的实际温度选用。

4)为保证除油效果,除油罐进水温度应高出原油凝固点 5～10℃。

5)除油罐的防雷接地及消防应符合《石油天然气工程设计防火规范》(GB 50183-2004)的有关规定。

6)除油罐内壁除锈应达 Sa2.5 级,外壁除锈应达 Sa2.0 级。罐内壁防腐结构,应具有良好的耐油、耐水以及防腐性能;罐外壁防腐结构,应具有良好的耐候性能。

7)除油罐应做外保温。保温材料应采用阻火型材料或阻火型制品,优先选用热导率小、强度高、无腐蚀性、施工条件好的材料或制品,不宜选用石棉材料及其制品。

8)立式除油罐内应设收油设施。当采用收油槽时,收油槽水平偏差值为±5 mm,最大积油厚度不应大于 800 mm;当采用浮动收油装置时,收油装置安装应可靠,浮动范围不应大于罐内有效高度的 1/3,积油厚度应小于 20 mm。

9)立式除油罐基础顶面设计标高宜高出自然地坪 0.3 m 以上。

10)除油罐液面以上保护高度不宜小于 0.5 m。

11)除油罐的附件设置应符合《除油罐设计规范》(SY/T 0083-2008)的有关规定。

12)除油罐进、出水管道上应设取样口,宜装温度计,位置应设置在阀室内便于观察操作的地方。

13)除油罐内部附件,不易更换的中心管柱、排泥管等构件,应根据水质,选用耐腐蚀材质。配水、集水等支管可采用无缝钢管,但应在工厂预制后做防腐处理。管道应采用法兰连接。

自然除油罐结构如图 4-7 所示。混凝除油罐结构如图 4-8 所示。

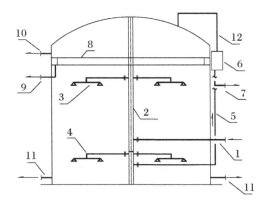

1—进水管；2—中心管柱；3—配水管；4—集水管；5—出水管；6—可调堰水箱；

7—堰箱出水管；8—收油槽；9—收油管；10—溢流管；11—排泥管；12—通气管

图 4-7　自然除油罐结构简图

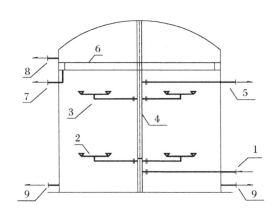

1—进水管；2—配水管；3—集水管；4—中心管柱；5—出水管；

6—集油槽；7—收油管；8—溢流管；9—排泥管

图 4-8　混凝除油罐结构简图

(三)罐体设计

1.罐体有效容积计算

按停留时间计算有效容积,有

$$w_1 = Q \times T_1 \qquad\qquad (4-4)$$

式中　　w_1——有效容积,m³;

　　　Q——处理流量,m³/h;

　　　T_1——停留时间,h。

除油罐及沉降罐的技术参数应通过试验确定,在没有试验条件的情况下,可按表 4-7 和表4-8确定。

表4-7 水驱采出水除油罐及沉降罐技术参数(GB 50428—2015)

沉降罐种类	采出水有效停留时间/h	采出水下降速度/(mm·s⁻¹)
除油罐	3～4	0.5～0.8
斜板除油罐	1.5～2	1.0～1.6
混凝沉降罐	2～3	1.0～1.6
混凝斜板沉降罐	1～1.5	2.0～3.2

表4-8 水驱采出水沉降分离技术参数 (SY/T 0083—2008)

立式罐种类	采出水有效停留时间/h	分离液面负荷/[m³/(m²·h)⁻¹]
自然除油罐	3～4	1.8～3.0
聚结除油罐	1～1.5	3.6～6.0
自然斜管(板)除油罐	1.5～2	3.6～6.0
聚结斜管(板)除油罐	0.8～1.2	6.0～8.0
混凝沉降罐	2～3	3.6～6.0
混凝斜管(板)沉降罐	1～1.5	7.2～11.5

国家标准《油田采出水处理设计规范》(GB 50428—2015)及行业标准《除油罐设计规范》(SY/T 0083—2008)对自然除油罐、混凝沉降罐推荐的有效停留时间分别为3～4 h和2～3 h,长庆油田分公司企业标准《立式除油罐设计标准》(Q/SY CQ 3391—2009)推荐的有效停留时间分别为不宜小于6 h和不宜小于3 h。

2. 罐体有效高度

确定储罐有效高度应考虑以下三方面的因素:

1)在确定了有效容积前提下,分离面积与分离高度应有一个最佳的比值,既能达到最佳水力条件,又能得到最佳分离效果。

2)立式除油罐宜按本企业标准拱顶钢制储罐直径尺寸来确定罐的有效高度。

3)储罐的有效水深,除考虑有效分离高度外,还需要考虑前、后处理构筑物重力自流连接的高程要求。

长庆油田常用立式除油罐规格、尺寸见表4-9。

表4-9 常用立式除油罐选用表

罐 名	储罐内径 D_1/mm	罐壁高度 H_1/mm	拱顶高度 H_2/mm
1 000 m³ 自然除油罐	11 500	10 675	1 260
700 m³ 自然除油罐	10 200	8 900	1 122
500 m³ 自然除油罐	8 920	8 900	981
300 m³ 自然除油罐	7 710	7 120	849
200 m³ 自然除油罐	6 580	7 900	726
500 m³ 混凝除油罐	8 240	8 020	980
300 m³ 混凝除油罐	6 580	8 915	725

（四）进水和集水

1）除油罐的水头损失，可按给水水力计算公式进行计算，并增加 10%～20% 的富裕量。

2）除油罐的进、出水管管径 DN≤200 mm 时，流速宜为 0.8～1.2 m/s；DN＞200 mm 时，流速宜为 1.0～1.5 m/s，混凝除油罐流速应取下限值。

3）自然除油罐宜采用上部配水、底部集水的方式。混凝除油罐宜采用底部配水、上部集水的方式。

4）除油罐宜采用辐射管系喇叭口的配水方式。

喇叭口宜沿除油罐的横断面均匀布置，自然除油罐喇叭口向下、混凝除油罐向上。喇叭口应设挡板，参数应符合下列规定：

配水管流速宜为 0.2～0.6 m/s；

每个喇叭口的控制面积宜为 2.5～7.5 m²；

喇叭口口径宜为配水管管径的 1.5～2.0 倍。

5）除油罐宜采用辐射管系喇叭口的集水方式。

喇叭口宜沿除油罐的横断面均匀布置，自然除油罐喇叭口向下，混凝除油罐喇叭口向上，参数应符合下列规定：

集水管流速宜为 0.2～0.6 m/s；

每个喇叭口的控制面积宜为 2.5～7.5 m²；

喇叭口口径宜为集水管管径的 1.5～2.0 倍。

6）自然除油罐宜采用可调堰控制出水液面，以期控制合理的油层厚度，降低回收污油的含水率；混凝除油罐出水宜采用水平出水管控制液面。可调堰、水平出水管的安装高度应根据集、出水系统的水头损失，积油厚度，油水密度差及堰上水头，通过计算确定。可调堰宜设在罐体外部。

7）200～1 000 m³ 立式除油罐，集、配水管系喇叭口布置如图 4-9 所示。

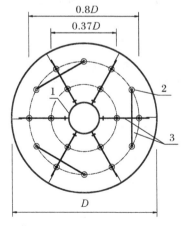

1—中心管柱；2—配水/集水喇叭口；3—配水/集水管

图 4-9　配水/集水管分布简图

(五)混凝

1)选用的水质净化剂应与水质稳定剂有较好的配伍性,水质净化剂品种的选择及其用量,应根据原水混凝沉降试验资料或相似条件污水处理站的运行经验,通过技术性、经济性比较确定。

2)混合设备应使加入的药剂与水充分混合,当使用多种药剂时,应根据药剂性质、工艺要求,将其先后加入水中,间隔时间应根据试验确定。

混合方式一般采用泵混合或管道混合。采用泵混合时,在管道内停留时间一般不宜超过60 s;采用管道混合时,投药口至处理装置的沿程与局部水头损失之和应不小于0.4 m,否则应设管道混合器等混合设备。

3)絮凝反应设施宜选用管式或旋流反应器。反应器水力停留时间宜为8~15 min。采用管式反应器时,水流流速应由大到小渐变进行设计,起端流速宜为0.5~0.6 m/s,末端流速宜为0.2~0.3 m/s。

4)若采用其他混合与絮凝设施,应参照《室外给水设计标准》(GB 50013-2018)的有关规定。

(六)沉降分离

1)当除油罐采用斜管(板)沉降分离时,斜管(板)材质、厚度以及斜管管径(板间距)应根据来水水质及原油物性确定,一般推荐数据如下:

a.斜管内切圆直径宜采用80 mm,安装倾角宜为60°~70°。

b.斜板净距宜为80~100 mm,安装倾角宜为60°~70°。

c.斜管(板)应选用长期在采出水中浸泡不变形、不老化、不软化、耐油和耐腐蚀的材质。

2)为避免罐底积泥对出水水质产生影响,自然除油罐集水喇叭口(喇叭口向下)距罐底不宜小于1.5 m。

(七)集油及出油

1)当立式除油罐的集油方式选用环形收油槽时,收油槽可沿罐壁分段设置,收油距离不应大于4 m,集油槽每米集油面积不应大于5 m²。

2)调储沉降除油罐宜采用浮动收油装置。有油水监测设施时,也可采用定液位收油。

3)除油罐出油管线宜设取样口。

(八)排泥放空及溢流

除油罐应设排泥设施。排泥方式根据具体情况,可选用人工清理、静水压力或水力排除。除油罐应设溢流管,管径根据计算确定。

1.自然除油罐排泥

1)在罐直径≤9 m的情况下,可采用重力排泥方式,且宜采用水力排泥方式。

2)重力排泥时,罐底应设置混凝土环形集泥槽,集泥槽边坡角度宜大于30°。

3)集泥槽底部设集泥管,集泥管左右对称开孔,开孔直径一般采用25 mm,开孔中心间距

300~800 mm,开孔方向向下与垂线成45°左右交错排列。重力排泥结构如图4-10所示。

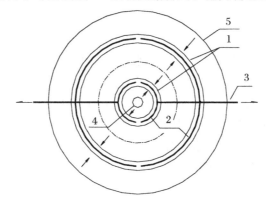

1—环形集泥槽;2—穿孔集泥管;3—排泥管;4—中心管柱;5—罐壁

图4-10　重力排泥结构简图

2.混凝除油罐排泥

混凝除油罐宜采用水力排泥方式,利用压力水通过排泥器造成的真空吸力抽吸污泥,实现强制排泥。

二、粗粒化除油

(一)基本原理

粗粒化是处理采出水中分散油的一种物理化学方法。在粗粒化材料的作用下,采出水中细微油粒聚结成为粗大的油粒,在重力作用下迅速实现油水分离。

从斯托克斯公式可以得出,油珠上浮速度与油珠粒径的二次方成正比,如油珠粒径增大为原来的10倍,则其上浮速度增大为原来的100倍。

关于粗粒化的机理,大体上有两种观点:润湿聚结、碰幢聚结。

润湿聚结建立在亲油性粗粒化材料的基础上。当采出水流经由亲油性粗粒化材料组成的粗粒化床时,水中细微油粒在材料表面润湿附着,这样材料表面几乎全被油包裹,后续的油珠会更容易润湿附着在上面,因而附着的油珠不断聚结扩大并形成油膜。油珠聚结到相当程度后,在流体压差的推动下,且当推力大于油水界面张力时,油膜从粗粒化介质表面脱落,从而达到粗粒化的目的。

碰撞聚结建立在疏油材料的基础上。由粒状的或是纤维状的粗粒化材料组成的粗粒化床,其空隙均构成互相连续的通道,犹如无数根直径很小的交错的微管。当采出水流经该床时,由于粗粒化材料是疏油的,两个或多个油珠有可能同时与管壁碰撞或互相碰撞,其冲量足可以将它们合并成为一个较大的油珠,从而达到粗粒化的目的。

无论是亲油或是疏油的材料,两种聚结都是同时存在的,只是前者以润湿聚结为主,后者以碰幢聚结为主。

(二)影响因素

影响粗粒化的因素很多,可归纳为以下两方面:

1.粗粒化材料性质对粗粒化效果的影响

粗粒化材料性质主要指材料的表面性质,即亲油性、比表面积、表面粗糙度。

1)亲油性。在处理油/水型乳状液时,从实践经验来看,油所润湿的介质比水所润湿的介质要好,并且在相似条件下,亲油介质水头损失小,同时考虑防止分散相过分饱和造成堵塞,中等润湿性材质效果最好。

2)比表面积。无论是直接截留、范德华引力、布朗扩散和电泳等机理中哪一个起主要作用,总是比表面积越大,越有利于聚结。

3)表面粗糙度。粗粒化材料表面粗糙度大,粗粒化效率高。

2.水质因素

采出水性质主要包括:原油分散相的粒径分布,水中表面活性剂的种类,含量和水的表面张力,水温和油水两相黏度,以及水中矿化物的含量等。

(1)水中表面活性剂的种类、含量和水的表面张力

表面张力大有利于聚结。表面张力值受水中表面活性剂的影响。水溶性表面活性剂和油溶性表面活性剂对粗粒化聚结油珠影响不完全一样。对水溶性表面活性剂,在界面张力低于20 dyn[①]/cm 时发现了不完善聚结,在界面张力为 30 dyn/cm 时发现部分聚结。而对油溶性表面活性剂,界面张力低至 3.52 dyn/cm 时,可以达到完善聚结,在界面张力低至 2.33 dyn/cm 时,发现聚结不完善。因此,在 2.33~3.52 dyn/cm 之间有一个界面张力的临界值,在那里发生由不完善聚结到完善聚结的转变。

(2)水温和油水两相黏度

采出水温度高有利于聚结。出水含油随油相黏度降低,油珠聚结能力提高。两相黏度差大,聚结性能好。

采出水的黏度随水温的增大而减小。具体分析数据见表 4-10。

表 4-10　不同温度的油田采出水黏度表

温度/℃	40	45	50	55	60	65
黏度/(mPa·s)	0.77	0.71	0.66	0.62	0.58	0.5

长庆原油属石蜡基轻质原油,原油性质较好,密度较小、黏度较低,蜡质、胶质、沥青质含量不高。长庆原油物理性质见表 4-11。

表 4-11　长庆原油基本物理性质(20℃)

油田区块	蜡质含量/%	胶质含量/%	沥青质含量/%	初馏点/℃	密度/(g·cm⁻³)	凝点/℃
王窑	19.2	—	0.4	64.5	0.834 0	23
坪桥	14.2	—	1.5	72.5	0.855 0	20
三叠系(靖安)	17.06	4.68	0.56	58	0.851 0	27
侏罗系(靖安)	13.6	7.34	1.16	53.5	0.884 6	3
靖安	15.46	6.03	0.58	54	0.852 0	23
安塞	13.15	5.40	0.57	59	0.852 0	17
大路沟	14.86	6.34	1.27	66	0.870 0	14

----

① 1 dyn=10^{-5} N。

续 表

油田区块	蜡质含量/%	胶质含量/%	沥青质含量/%	初馏点/℃	密度/(g·cm⁻³)	凝点/℃
油坊庄	15.31	6.74	1.07	64	0.851 6	5
胡尖山	15.38	7.63	1.22	67	0.854 5	21
吴起	15.23	7.07	1.09	64	0.851 7	7
天赐湾	9.37	8.44	1.71	82	0.863 2	10
镰刀湾	15.16	7.54	2.59	74	0.865 6	11
南梁	13.37	4.41	0.67	72	0.845 5	19
白马	13.36	8.71	0.31	60	0.851 0	18
董志	11.46	6.40	0.96	63	0.856 0	20
白豹	12.31	6.94	0.78	53	—	19
马岭	10.48	6.50	0.93	55.6	—	18

长庆原油的密度一般在 0.834～0.859 0 kg/m³ 之间。

(3)磺化物

有学者在研究水滴在单根纤维上的聚结现象时发现,添加 5 mg/L 的磺酸钠到系统中会引起液滴生长停止,经过 20 min,所有小液滴从纤维上离去,大多数大液滴离开了特氟龙纤维,尼龙纤维上的链状液滴全部消失。由于磺化物的影响,界面张力很低,不利于粗粒化除油。

(三)反应原理和设计要点

1997 年长庆工程设计有限公司设计完成了粗粒化斜管除油罐,经过二十多年的改进、提高,目前已形成序列化 100 m³、200 m³、300 m³、400 m³ 等四种规格粗粒化斜管除油罐,应用于长庆油田的几十座采出水处理站。与传统立式混凝除油罐相比,粗粒化斜管除油罐体积减小 2/3,除油效率提高 2 倍以上。

1. 反应原理

粗粒化斜管除油罐的结构原理如图 4-11 所示。

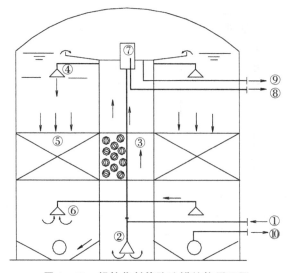

图 4-11 粗粒化斜管除油罐结构原理图

缓冲罐来采出水经进水管①和喇叭口②进入中心反应筒,采出水在反应筒中与混凝剂等充分混合反应。在反应筒的中部设有粗粒化层,采出水中的微小悬浮油滴在粗粒化填料表面聚结,形成较大油滴后脱落上浮。采出水在反应筒的上部经布水喇叭口④进入油-水沉降分离区。在油水沉降分离区,油、水因密度差自然分离,油上浮、水下沉。水下行经斜管分离层⑤进一步分离后,下行至固-液沉降分离区。在固-液沉降分离区,固体颗粒下沉形成污泥,经排泥管⑩定期排出罐外;净化水经集水喇叭口⑥和中心竖管上行进入溢流出水装置⑦和出水管⑧,进入下一级处理。当聚集于除油罐上部的污油达到一定厚度时,连续自动进入收油盘,经排油管⑨排至污油罐。

2. 设计要点

1)粗粒化层:粗粒化填料采用 $\phi 50$ mm 聚乙烯多面空心球。该填料具有质量轻、比表面积大、疏水亲油等特点,其比表面积 $A \geq 295$ m^2/m^3。

2)斜管层:斜管采用不饱和树脂玻璃钢蜂窝斜管,斜管内切圆半径 $r = 55$ mm。斜管在除油罐中沿圆周切线方向倾斜安装,倾角 $\theta = 60°$。

3)设计油层厚度:不大于 0.8 m。

4)选用斜管材质应耐 80℃水温而不发软变型。

三、气浮除油

(一)基本原理

在水中通入或产生大量的微小气泡,使其黏附于杂质絮粒上,再或使水中的细小悬浮物、油珠黏附在气泡上,造成整体比重小于水的状态,依靠浮力气泡上浮到水面。采出水中粒径为 0.25~25 μm 的乳化油和分散油或悬浮颗粒黏附在气泡上,形成密度小于水的气浮体,在浮力的作用下,上浮至水面被撇除,达到采出水除油、除悬浮物的目的,从而获得固液分离的一种净水方法——气浮除油。例如直径为 1.5 μm 的油粒,上浮速度不足 0.001 mm/s,附着到气泡后,平均上浮速度可达到 0.9 mm/s。因此气浮装置的效率很高,废水停留时间一般控制在 15~20 min(除油效率约 90%,去除悬浮物约 80%)。气浮原理如图 4-12 所示。

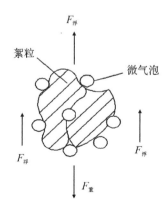
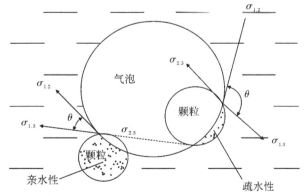

图 4-12　气浮原理图

由热力学知识可知,由水、气泡和颗粒构成的三相混合液中,存在着体系界面自由能。体系界面自由能总是有力图减至最小的趋势,使分散相总表面积减小:

$$w = \sigma \times s \qquad (4-5)$$

式中 w —— 界面能,J;

      σ —— 界面张力,N/m;

      s —— 界面面积,m^2。

采出水中水与原油之间存在着界面张力,其关系为

$$\sigma_{wo} = \sigma_w - \sigma_o \qquad (4-6)$$

式中 σ_{wo} —— 水与油接触的界面张力,N/m;

      σ_w —— 水与气泡界面的界面张力,N/m;

      σ_o —— 油与气泡界面的界面张力,N/m。

同样,界面自由能也等于界面张力与界面面积的乘积,界面自由能也有减至最小的趋势,所以水中的油呈圆球形。气体融入采出水中,形成大量的微小气泡,油粒同样具有黏附到气泡上的趋势(以减小其界面能)。

颗粒能否黏附到气泡上,取决于该颗粒的润湿性,即被水润湿的程度。水中具有不同表面性质的颗粒,其润湿接触角(θ)大小不同,通常将 $\theta > 90°$ 的称为疏水表面,易于为气泡黏附;将 $\theta < 90°$ 的称为亲水表面,不易为气泡所黏附。因此,为了获得较好的气浮效果,需要将亲水性颗粒转变为憎水性颗粒,这是去除这些颗粒的主要条件。

(二)气浮方法

按气浮系统的曝气形式主要分为:电解气浮法、散气气浮法、溶气气浮法。

1. 电解气浮法

电解气浮法是在直流电的作用下,用不溶性阳极和阴极直接电解采出水,正、负两极产生氢、氧微气泡,气泡携带油珠和固体颗粒至水面以进行固液分离的一种技术。

电解法产生的气泡尺寸远小于溶气气浮法和散气气浮法,多用于去除细分散悬浮颗粒和乳化油。但此方法存在耗电量较多、金属消耗量大以及电极易钝化等问题,因此,油田采出水处理工程中几乎不予采用。

2. 散气气浮法

散气气浮法目前应用的有两种:扩散板曝气气浮法和叶轮气浮法。

(1)扩散板曝气气浮法

这种方法的原理:压缩气体通过具有微细孔隙的扩散装置或微孔管,使气体以微小气泡的形式进入水中,进行气浮。

这种方法的优点是简单易行,但缺点较多,其中主要的是空气扩散装置的微孔易于堵塞,气泡较大,气浮效果不佳。

(2)叶轮气浮法(涡凹气浮法)

这种方法的原理:利用高速旋转叶轮所造成的负压将气体吸入,吸入的气体被旋转的叶轮所击碎,继而被大量的小股旋流卷入进一步扩散于水中。涡凹曝气机的叶轮高速切割水体,在无压体系中的自然释放,使水中产生微细气泡。产生的气泡直径大,适用于气浮预处理。为增

强效果也可同时投加絮凝和助凝药剂,使污水中的乳化油和悬浮颗粒黏附在气泡上,上浮去除。气浮除油效率较高,但需配套制氮(如投加絮凝剂和助凝剂,则还需配套加药装置)。

这种方法的优点是采出水停留时间短,总停留时间仅为 4～5 min,处理效率高。由于停留时间短,因而承受水量、水质波动冲击能力低,同时该装置产生的气泡较大(直径为 1 mm),在水中易产生大气泡。大气泡在水中具有较快的上升速度,不仅减少了黏附颗粒的机会,还会因惯性力造成水体的严重紊流而撞碎絮凝体。有关资料介绍,气泡的尺寸以 20～100 μm 最好。

3. 溶气气浮法

根据气泡析出时所处压力的不同,溶气气浮法分为溶气真空气浮和加压溶气气浮两种方法。

1)溶气真空气浮。气体在常压或加压条件下溶入水中,在负压条件下析出,称为溶气真空气浮。

主要优点:气体溶解所需压力比压力溶气低,动力设备和电能消耗较少。

主要缺点:气浮在负压条件下运行,一切设备部件均密封在气浮池内,维护运行和维修保养困难。

该方法主要用于处理污染物浓度不高的废水,实际使用不多。

2)加压溶气气浮。气体在加压条件下溶入水中,再将压力降至常压,把溶解的过饱和气体以微小气泡(直径在 0.1 mm 以下)的形式释放出来,称为加压溶气气浮。

其基本工艺流程分为:全溶气流程、部分溶气流程和回流加压流程。目前,长庆油田投入运行的 5 座站场均采用高压氮气溶气流程。

4. 微气浮

这种方法的原理:通过设置特殊的结构构造,形成离心、旋流、负压、空化等物理作用,产生气浮处理效果、实现气浮功能,达到了去除水中油、悬浮物的目的。微气浮处理工艺最大的特点是不添加或只添加少量的絮凝药剂,通过物理的方法实现气浮的处理效果,运行自动化程度高,但成本较高。

(三)工程实例

此处以 2007 年投入运行的长庆油田采油七厂白二联合站为例。其采出水来自站内三相分离器,总规模 1 500 m³/d,分两期实施,一期实施 750 m³/d,水型以 $CaCl_2$、$NaHCO_3$ 型为主。其采出水水质见表 4-12。

表 4-12　白二联合站油田采出水水质一览表

序　号	项　目	单　位	指标值
1	$\rho_{Na^+ + K^+}$	mg/L	31 331
2	$\rho_{Ca^{2+}}$	mg/L	6 798
3	$\rho_{Mg^{2+}}$	mg/L	1 327
5	$\rho_{SO_4^{2-}}$	mg/L	1 601
4	Cl^-	mg/L	65 947
6	$\rho_{HCO_3^-}$	mg/L	408
7	总矿化度	mg/L	107.41
8	含油	mg/L	84.65

续 表

序 号	项 目	单 位	指标值
9	硫化氢	mg/L	23.86
10	悬浮物	mg/L	80
11	水温	℃	50
12	SRB	个/mL	$10^4 \sim 10^5$
13	TGB	个/mL	$10^4 \sim 10^5$
14	pH 值		5.9

1. 工艺流程

采用高压氮气气浮除油＋精细过滤处理工艺,工艺流程如图 4-13 所示。

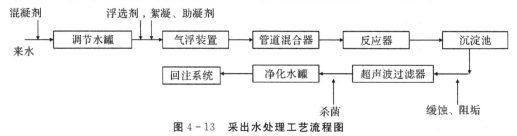

图 4-13 采出水处理工艺流程图

2. 辅助流程

1)加药:在气浮装置前加浮选剂、絮凝剂,在反应器前加絮凝剂,在滤后水中加杀菌剂。

2)污泥系统:污泥主要来自调节水罐底泥、气浮装置排渣及沉淀池底泥;污泥统一回收至站内污泥浓缩池,并最终经过污泥离心机脱水后外运利用。

3)收油:将从调节水罐上部出油口收集的污油统一汇至站内 5 m³ 污油箱,加压输送至集输系统回收。

3. 主要构筑物、设备及设计参数

(1)调节水罐

调节水罐的主要作用是均质调节以使采出水较平稳地进入下一级处理装置,并利用混凝机理对污水中的浮油和悬浮物进行初步分离沉降。设计选用 200 m³ 钢制拱顶污水罐 2 具,单罐停留时间为 3.2 h(终期)。罐壁上部设收油设施,对剩余浮油进行二次回收。罐体内部设置加热器,保证系统内采出水的温度控制在 35～40℃。

(2)气浮装置

设计选用高效溶气式气浮装置 2 套(二期预留 1 套),并采用氮气气浮。该设备自动收油和排渣,单套处理量为 50 m³/h,主要组件有循环水泵、控制柜等,外型尺寸 $L \times W \times H = 4\,040 \times 2\,650 \times 3\,640$ mm³,箱体材质为 SS316L,混凝反应时间 30 s,氮气输入量为 2 Nm³/h,压力≥0.75 MPa。其主要进出水指标如下:

进水:油含量≤200mg/L,悬浮物固体含量≤100 mg/L;

出水:油含量≤20mg/L,悬浮物固体含量≤30 mg/L。

(3)反应器

以 0.4 MPa 氮气为动力,将气浮出水与混凝剂进行充分混合,并利用氮气本身的推流作用将污水送至反应器出口进入下一级处理构筑物。反应器大小 $L \times W \times H = 2\,000 \times 2\,000 \times 2\,000$ mm³。

（4）沉淀池

污水与药品经过反应器的充分混合后进入斜管沉淀池进行二次沉降，进一步去除污水中的悬浮杂质。沉淀池大小 $L \times W \times H = 8\,200 \times 4\,200 \times 4\,960\,(\mathrm{mm})$，设计停留时间约为 3.4 h。

（5）超声波精细过滤器

超声波精细过滤器采用滤筒式设计，有效增大过滤面积；过滤精度为 2 μm，超声波震子清洗，实现了滤网的在线自动清洗，能确保滤网恢复如新；底水回流设计，打破传统过滤器的禁锢，在过滤的同时自清洗，大大降低了微滤网附着密实的概率，提高了设备的工作效率。外形尺寸 $L \times W \times H = 4\,400 \times 2\,332 \times 3\,002.5\,\mathrm{mm}^3$，单套处理量为 50 m^3/h（二期预留 1 套）。其主要进出水指标如下：

进水：油含量≤20 mg/L，悬浮物固体含量≤30 mg/L；

出水：油含量≤5 mg/L，悬浮物固体含量≤2 mg/L。

（6）污泥离心机

调节水罐底泥、气浮装置排渣及沉淀池底泥统一回收至站内污泥浓缩池，经过初步浓缩脱水后，通过污泥离心机脱水将污泥含水率降至 95% 以下，便于污泥外运。

4. 运行结果

该项目自 2008 年 3 月投产以来，处理后出水指标能够满足长庆油田采出水回注技术推荐指标的 2 类标准（渗透率 $1 \times 10^{-3} \sim 10 \times 10^{-3}$ μm^2）。白二联合站 2008 年 4 月—2008 年 10 月气浮化验含油量及悬浮物含量数据如图 4-14 和图 4-15 所示。

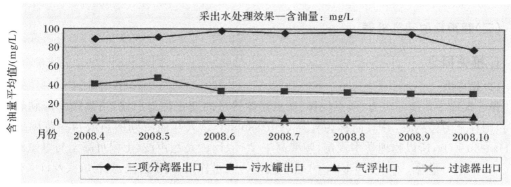

图 4-14　白二联气浮处理含油指标

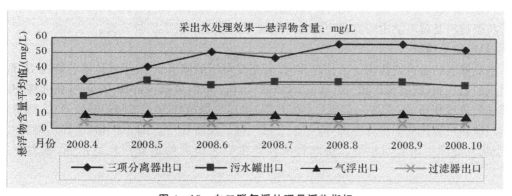

图 4-15　白二联气浮处理悬浮物指标

四、破乳

油田采出水是一种含有固体杂质、液体杂质、溶解气体和溶解盐类的典型非均相流体,水、污油、悬浮物等以乳状液、悬浮液及胶体溶液的形式共存,其中主要是水包油型(O/W 型)的乳状液。乳状液的存在,严重影响着采出水的处理精度。为确保采出水处理达标,破乳是关键。

(一)破乳的方法

乳状液的破坏称为破乳。常用的破乳方法主要有:化学法、加热法、旋流法。

1)化学法:加入药剂以改变乳状液体系的界面性质,使之由稳定变为不稳定,达到破乳。

2)加热法:升高温度可以降低乳化剂的吸附性,减小物质的黏度,增加液滴碰撞机会,达到破乳。

3)旋流法:在离心力的作用下,利用油水密度差对二者进行分离。

上述方法中,油田采出水处理工程中使用最多的是化学法。但采用该方法势必造成系统污泥量大、运行费用高、二次污染环境等问题,因此,进行高效、经济、环保的乳化油破乳工艺研究非常必要。

2010 年,长庆工程设计有限公司与西安交通大学进行校企联合,进行了超声破乳除油的临界超声声强理论与破乳除油工艺的相关性,以及超声辐射破乳除油反应的工艺参数、物料平衡、动量衡算及反应动力学模型研究。

(二)超声辐射破乳机理

1. 相关概念

(1)超声波

弹性媒质中传播的应力、质点位移、质点速度等量的变化称为声波,当其频率高到超声范围时,则称之为超声波,有时简称为超声(Ultrasound)。人耳能听到的声波频率范围大体为 20 Hz~20 kHz,所以物理学中规定,频率高于 20 kHz 的是超声波,上限可高至与电磁波的微波区(10 MHz)重叠。20~100 kHz 的超声波作为能量作用,用于清洗、塑料熔接及许多化工过程。2~10 MHz 的超声波作为传播作用,用于医学扫描、化学分析及松弛现象的研究。

(2)功率超声

功率超声是超声学中研究超声能量对物质进行处理的一个学科分支。

(3)声空化阈值

当足够强的超声波作用于液体媒质时,若交变声压的幅值 p_m 大于液体中的静压 P_0 时,则在声压的负压相(或称稀压相)中,负压的峰值($-p_m$)不但可抵消静压力,还可在液体中形成局部性的负压作用区,当这一负压($-p_m+P_0$)足以克服液体分子之间的结合力(也成液体强度)时,液体将被拉断而形成空腔,即产生空化气泡。接着在声压的正压相(或称压缩相)到时,空化气泡产生闭合与崩溃。由此将液体产生空化所需的最低声压或声强,称为声空化阈值。

2. 功率超声作用原理

功率超声对液体的作用主要基于以下两个理论:

（1）声空化理论

超声对有机污染水体的降解及破乳处理不是基于声波的作用，而是基于声空化效应。液体中的微小泡核被激活，表现为泡核的震荡、生长、收缩乃至崩溃等一系列动力学过程，该过程是集中声场能量并迅速释放的绝热过程。有关瞬态理论研究指出，在空化泡崩溃时，泡内的最高温度 T_{max} 与最大压力 P_{max} 为

$$T_{max} = T_{min} \left[\frac{P_m (\gamma - 1)}{P_v} \right] \qquad (4-7)$$

$$P_{max} = P_v \left[\frac{P_m (\gamma - 1)}{P_v} \right]^{\frac{\gamma}{\gamma-1}} \qquad (4-8)$$

式中：T_{min}——液体的环境温度；

　　　P_m——泡外作用于泡的总压力；

　　　P_v——空化泡内的蒸汽压；

　　　γ——蒸汽的比热比。

空化泡崩溃瞬间在液体中极小空间内，形成局部热点，其温度 T_{max} 可达 5 000 K 以上，高压达 500 atm，温度变化率可达 10^9 K/s，持续数微秒以后，热点随之冷却，并有强大的冲击波（均相）和时速达 400 km 的射流（对非均相），空化正是以这种特殊的能量形式来加速化学反应或启动新的反应通道。这就为有机物的降解及破乳处理创造了一个极端的物理环境。因此，声化学反应的主动力是声空化。

（2）自由基理论

在空化时伴随发生的高温、高压下，水分子裂解导致自由基（free radical）形成：

$$H_2O \rightarrow H^+ + OH^- \qquad (4-9)$$

$$O + H_2O \rightarrow OH^- + OH^- \qquad (4-10)$$

$$OH^- + OH^- \rightarrow H_2O_2 \qquad (4-11)$$

$$H^+ + H^+ = H_2 \qquad (4-12)$$

空化泡崩溃产生的冲击波和射流，使 OH^- 和 H_2O_2 进入整个溶液中，为化学反应提供了一个极特殊的条件。由于自由基含有未配对电子，所以其性质活泼，具有很强的氧化能力，可在空化气泡周围界面重新组合，或与气相中的挥发性溶质反应，形成最终产物，可以使常规条件下难分解的有毒有机污染物降解及破乳。

而在空化气泡面层内的水分子则可形成超临界水，超临界水具有低介电常数、高扩散性及高传输能力等特性，是一种理想的反应介质，有利于大多数化学反应速率的增加。因此，有机污染物可经 OH^- 氧化、气泡内燃烧分解、超临界水氧化 3 种途径降解。降解途径与污染物的物化性质有关，反应区域主要在空化气泡及其表面层。一般而言，非极性、憎水性、易挥发有机物多通过在空化气泡内的热分解进行降解，而极性、亲水性、难挥发有机物则多通过在空化气泡表面层或液相主体的 OH^- 氧化进行降解。

（3）超声辐射破乳机理与临界超声声强理论

1）乳化液结合过程。乳化液破乳的过程分为三个阶段：第一阶段叫做凝集，乳化油的微滴凝集成一些较密集的群体，但是仍以单独的油微滴形式存在，而没有结合；第二阶段叫做结合，

群体内的微滴结合成较大的个体,从而使得个体数目大大减少;第三阶段叫做分离,内部较大的油滴在重力作用下沉降到油水的界面,结合到油相中,至此乳化液分离完成。乳化液结合过程如图 4-16 所示。

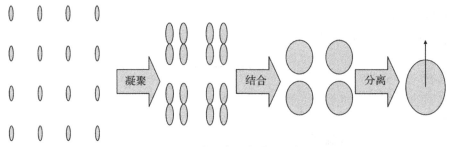

图 4-16　乳化液结合过程示意图

2)超声的位移凝聚效应。当超声波通过有悬浮粒子的流体媒质时,悬浮粒子开始与媒质一起振动。但是由于大小不同的粒子具有相对速度,粒子将会互相碰撞、结合,体积和质量都变大。继而由于粒子变大不能跟随声振运动,而是作无规则运动,继续碰撞、结合、变大,最后沉降下来,这就是超声位移凝聚的大体过程。

相似地,超声破乳中,悬浮粒子是"油粒子",而其破乳正是基于超声波作用于性质不同的流体介质产生的位移效应来实现的,由于超声波在油和水中均具有较好的传导性,所以超声破乳适用于各种类型的乳化液。但是这一效应的产生,必须在超声波声强小于作用流体的空化阈值的条件下,如果其声强于空化阈,则会产生相反的效果——加深乳化液的乳化程度。

假设许多小油滴以静止(相对静止)状态均匀分布在油中,在乳化液中加入一弱驻波场,则水相速度可以表示为

$$u_0 = U_0 \sin kx \cos \omega t \qquad (4-13)$$

对于油滴,引入 x_0 作为其瞬时平衡位置,则可得到 $x_w = x_0 + x'_g$,$u_w = \dot{x}_0 + \dot{x}'_g$,式中,$x_g$ 代表油滴的瞬时位置,x'_g 代表其位置脉动值。根据 Henryka 的推导,可以写出油滴在声场作用下,由于运动的不对称性受到的漂移力为

$$F_A = -\frac{1}{4} m_g k U_0^2 \mu_g^2 \sin 2kx_0 \qquad (4-14)$$

式中　　$\mu_g = (1 + \omega^2 \tau^2)^{\frac{1}{2}}$;

　　　　ω——角速度;

　　　　τ——驰豫时间;

　　　　m_g——水滴质量;

　　　　k——波数。

根据 Fittipaldi 的研究,可以写出油滴由于声压辐射而产生的漂移力为

$$F_R = \pi \rho_g |A|^2 (kr_g)^3 F\left(\frac{\rho_g}{\rho_0}\right) \sin 2kx_0 \qquad (4-15)$$

式中　　k——相对密度系数;

　　　　ρ_0, ρ_g——水和油的密度;

　　　　r_g——油滴的半径;

$|A|$ —— 流场速度势幅值,有

$$F\left(\frac{\rho_g}{\rho_0}\right) = \frac{1 + \frac{2}{3}\left(1 - \frac{\rho_g}{\rho_0}\right)}{2 + \frac{\rho_g}{\rho_0}}$$

Henryka 已推导出在声场作用下由温度及黏度的变化引起的漂移力为

$$F_v = \frac{3\pi}{2}(H-3)r_g\mu_0^2\eta(\rho_0c)^{-1}\rho_0U_0^2\sin2kx_0 \qquad (4-16)$$

式中　$\mu_0 = \omega\tau(1+\omega^2\tau^2)^{\frac{1}{2}}$；

$\qquad \eta$ —— 水的黏度；

$\qquad H$ —— 系数；

$\qquad c$ —— 水中声速。

假设平面波在 x 方向传播,若仅考虑以上三种漂移力,则可把油滴的运动方程写作:

$$m_g\ddot{x}_0 + 6\pi\eta r_g\dot{x}_0 = F\sin2kx_0 \qquad (4-17)$$

或

$$\ddot{x}_0 + \frac{9\eta}{2r_g^2\rho_g}\dot{x}_0 = \frac{F}{m_g}\sin2kx_0 \qquad (4-18)$$

式中　$F = -\frac{1}{4}m_gkU_0^2\mu_w^2 + \frac{3}{2}\pi(H-3)r_g\mu_0^2\eta^{-1}U_0^2 + \pi\rho_0|A|^2(kr_g)^3F\left(\frac{\rho_g}{\rho_0}\right)$

下面利用数学方法分析油粒子的运动。式(4-18)可以写成

$$\left.\begin{array}{l} \dot{x} = y \\ \dot{y} = -Ay + B\sin2kx \end{array}\right\} \qquad (4-19)$$

上述方程的平衡点是 $(y, 2kx) = (0, m\pi)$, $m = 0, 1, 2, \cdots$。

当 $F < 0$ 时,首先讨论平衡点 $(0, 0)$ 的性质,由上式可写出其特征方程如下:

$$\det(A - \lambda E)|_{(0,0)} = \lambda^2 + A\lambda - 2kB = 0 \qquad (4-20)$$

此方程有两个实根 λ_1 和 λ_2 $(\lambda_1 \neq \lambda_2)$,因此平衡点 $(0, 0)$ 不是稳定平衡点,同理,平衡点 $(0, 2n\pi)$, $n = 1, 2, 3, \cdots$ 也不是稳定平衡点。

再看平衡点 $(0, \pi)$,它的稳定性可采用下述方法讨论,做变换:

$$\left.\begin{array}{l} y_1 = y \\ x_1 = x - \frac{\pi}{2k} \end{array}\right\} \qquad (4-21)$$

于是,可把式(4-19)写成:

$$\left.\begin{array}{l} \dot{x}_1 = y_1 \\ \dot{y}_1 = -Ay_1 - B\sin2kx_1 \end{array}\right\} \qquad (4-22)$$

根据李雅普诺夫方法,令

$$V = \frac{1}{2}y_1^2 + \frac{B}{2k}(1 - \cos2kx_1) > 0 \qquad (4-23)$$

微分式(4-23),可得

$$\frac{dV}{dt} = \dot{x}_1(\ddot{x}_1 + B\sin 2kx_1) < 0 \qquad (4-24)$$

则 $kx = \left(N+\frac{1}{2}\right)\pi$ 是水滴运动的稳定平衡点,即 $\sin kx = \pm 1$。在这种情况下,油滴将向波腹运动并在此聚集,从而使得油滴相互碰撞,凝聚成大油滴,并在浮力的作用下上浮。相反,当 $F < 0$ 时,可以得到 $kx = N\pi$ 是稳定平衡点,即 $\sin kx = 0$,在这种情况下,油滴向波节运动并在此聚集、碰撞、凝聚,这种现象就叫做位移效应。超声作用前后位移效应示意如图 4-17 所示。

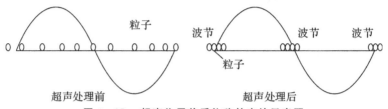

图 4-17 超声作用前后位移效应的示意图

乳化液破乳的三个阶段都受到了超声波的加强。起初,油粒子在超声作用下的位移效应使得油粒子间产生相对位移,从而有机会凝集在一起形成一系列油粒子群;超声可以使群中油粒子有更多机会相互碰撞,结合成较大个体。同样,超声还能增大大油滴最后上浮脱离水相的概率。

根据研究,超声辐射中,流体中粒子碰撞有两种形式。一种是两个在相同的方向朝波节运动的粒子在运动过程中碰撞,合并,然后一起向前运动,并在波节处达到相对稳定的状态;另一种是相向运动的粒子,它们一般在波节处聚集并碰撞。在低于空化阈的情况下,粒子碰撞一般都导致合并。相反地,当超声辐射声强大于空化阈时,粒子的运动处于紊乱无序状态,即使已经合并的粒子也会被击碎分散出去,此时超声起混合作用。因此,超声破乳时,其声强必须在空化阈以下。

3) 临界超声声强理论。声强大于空化阈时,超声将起加深混合的作用,由此可见,空化阈就是超声破乳声强的上限。然而超声声强过小则无法满足破乳所需的能量,使破乳无法进行。故超声破乳存在一临界声强。

要使油粒子群中油粒子结合就必须先破坏其间的表面膜。而阻止表面膜破坏的力主要有两个,首先是由于表面张力 σ 的存在而产生的弯曲力 τ_σ,其次就是表面膜自身具有的黏性力 τ_m。根据 Hinze 的研究,液滴自身的黏性力可以写成

$$\tau_d = C_1 \mu_d d_p^{-1} \tau^{0.5} \rho_d^{0.5} \qquad (4-25)$$

式中 C_1—— 常数;

μ_d—— 液滴黏度;

d_p—— 液滴直径;

τ—— 所受外力;

ρ_d—— 液滴密度。

那么同理,表面膜黏性力 τ_m 可以表示为

$$\tau_m = C_2 \eta_s d_p^{-1} \tau^{0.5} \rho_m^{-0.5} \qquad (4-26)$$

式中 C_2—— 常数;

η_s—— 油滴黏度;

ρ_{m}—— 表面膜密度。

由此,作为抵抗表面膜破坏的能力,表面黏性能可以表示为

$$E_{\eta s} = \tau_{m} \pi d_{p}^{2} = C_{2} \eta_{s} \pi d_{p} \tau^{0.5} \rho_{m}^{-0.5} \tag{4-27}$$

弯曲力 τ_{σ} 可以表示为

$$\tau_{\sigma} = \frac{C_{3} \sigma}{d_{p}} \tag{4-28}$$

作为抵抗表面膜破坏的另一种能力,表面能可以表示为

$$E_{s} = \tau_{\sigma} \pi d_{p}^{2} = C_{3} \pi d_{p} \sigma \tag{4-29}$$

外部撕裂能可以表示为

$$E_{t} = \frac{\tau \pi d_{p}^{3}}{6} \tag{4-30}$$

为了破坏表面膜,外部施加的撕裂能应该大于表面能与表面黏性能的总和。令 $E_{t} = E_{s} + E_{\eta s}$,可以得到

$$\tau - 6C_{2} \eta_{s} \rho_{m}^{-0.5} d_{p}^{-2} \tau^{0.5} - 6C_{3} \sigma d_{p}^{-2} = 0 \tag{4-31}$$

解此方程,可得

$$\tau = 3C_{2} \eta_{s} \rho_{m}^{-0.5} d_{p}^{-2} - (9C_{2}^{2} \eta_{s}^{2} \rho_{m}^{-1} d_{p}^{-4} + 6C_{3} \sigma d_{p}^{-2})^{0.5} \tag{4-32}$$

现设定所研究的超声为平面简谐波,则由于声扰动使油滴具有能量,为

$$E_{t} = \frac{\bar{\varepsilon} \pi d_{p}^{3}}{6} = \frac{I \pi d_{p}^{3}}{6c_{0}} \tag{4-33}$$

式中　$\bar{\varepsilon}$—— 平面间谐波声场的声能量密度;

I—— 超声声强;

c_{0}—— 超声在媒质中的声速。

联立 $E_{t} = \frac{\tau \pi d_{p}^{3}}{6}$ 和 $E_{t} = \frac{\bar{\varepsilon} \pi d_{p}^{3}}{6} = \frac{I \pi d_{p}^{3}}{6c_{0}}$,可得

$$\tau = \frac{I}{c_{0}} \tag{4-34}$$

联立 $\tau = 3C_{2} \eta_{s} \rho_{m}^{-0.5} d_{p}^{-2} - (9C_{2}^{2} \eta_{s}^{2} \rho_{m}^{-1} d_{p}^{-4} + 6C_{3} \sigma d_{p}^{-2})^{0.5}$ 和 $\tau = \frac{I}{c_{0}}$,得

$$I_{c} = 3C_{2} \eta_{s} c_{0} \rho_{m}^{-0.5} d_{p}^{-2} - (9C_{2}^{2} \eta_{s}^{2} \rho_{m}^{-1} d_{p}^{-4} + 6C_{3} \sigma d_{p}^{-2})^{0.5} c_{0} \tag{4-35}$$

I_{c} 即是临界超声声强。当所加超声声强 I 大于临界超声声强 I_{c} 时(小于空化阈),表面膜会立刻被破坏,从而使得油粒子结合。但是当 I 小于 I_{c} 时,表面膜将不能被破坏,所以乳化液的破乳无法进行。以上的推论是基于所有的内部液滴直径相等的假设的。在真实的乳化液系统中,内部液滴直径有一定的分布。总是存在一部分微小油滴不能用超声破坏,因为这些油滴需要更大的临界电场强度。水相中油含量决定于油粒子直径分布和所加超声声强。

(三)中试

2011 年在长庆油田姬六联合站采出水处理站进行了现场实验,考察了超声破乳除油反应器形式、超声功率、超声声强、超声频率、辐射时间和油浓度等因素对超声辐射油田采出水破乳

除油率的影响。

1. 超声反应器形式对破乳除油率的影响

超声反应器根据超声引入方式的不同可以分为多种形式,实验中比较了槽式、筒式、振子式和探头式四种常见的反应器形式对除油率的影响,结果如图 4-18 所示。

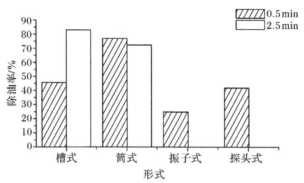

图 4-18　超声反应器方式对破乳除油率影响

可以看出,槽式和筒式反应器处理效果明显优于其他两种。振子和探头产生的声场不均匀,声能衰减较快,造成其处理效果欠佳,而且实际应用中,探头式反应器的探头容易被超声自身所损耗,增加了运行成本。处理 30 s 时,筒式反应器效果优于槽式反应器,处理 2.5 min 时,槽式反应器优于筒式反应器。

2. 超声功率对破乳除油率的影响

在超声频率为 27 kHz、空化阈相对声强为 0.46、反应时间为 2.5 min、水温为 45℃、处理水量为 12 L 条件下进行超声功率对破乳除油率的影响实验,结果见表 4-13。

表 4-13　　超声功率对油田采出水破乳除油率的影响

功率/W	原水含油量/(mg/L)	出水含油量/(mg/L)	除油率/%
400	1373	234	83.0
600	1 394	218	84.4
800	1 468	212	85.7
1 000	1 301	128	90.2

随着功率增大,效果越来越好,当超声功率为 1 000 W 时,除油率达到 90.2%。

3. 超声波频率对破乳除油率的影响

在超声功率为 1 000 W、反应时间为 2.5 min、水温为 45℃、处理水量为 12 L 条件下进行超声频率对破乳除油率的影响实验,如果如图 4-19 所示。

可以看出,在较高的声强范围内,当超声频率为 21 kHz 时,油田采出水除油率最大,无量纲声强在 0.5 以下时,超声频率对超声破乳效果的影响不是很明显,实验数据差别不大。另外,根据实验给出的超声破乳机理,超声频率的大小在一定量级的范围内只是影响粒子向波腹或波节运动所走的距离,其在一定量级内对破乳效果的影响不明显是可以理解的。

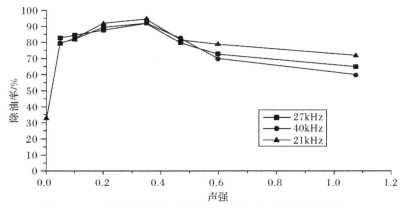

图 4 - 19　超声波频率和声强对油田采出水破乳除油率的影响

根据声学原理,介质对声波的吸收系数与频率二次方成正比,即

$$\alpha = \frac{2\pi^2 f^2 b}{\rho c_0^3} \qquad (4-36)$$

式中　　$b = \frac{4}{3} \times \mu'' + \mu'$;

　　　μ''——切变黏滞系数;

　　　μ'——液体黏滞系数;

　　　c_0——声速;

　　　ρ——液体密度;

　　　f——声波频率;

　　　α——介质对声波的吸收系数。

因此,超声强度的衰减与频率的二次方成正比,超声频率越高,其衰减就越快,破乳声场就越不均匀,这样对实验过程中的声场控制就越不利。因此,超声对油田采出水破乳除油最佳频率应在在 $21 \sim 27$ kHz 之间。

4. 超声辐射时间对破乳除油率的影响

在超声功率为 1 000 W、频率为 27 kHz、空化阈相对声强为 0.46、水温为 45℃、处理水量为 12 L 条件下进行超声辐射时间对破乳除油率的影响实验,结果如图 4 - 20 所示。

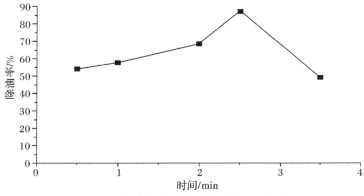

图 4 - 20　超声辐射时间对破乳除油率的影响

可以看出,不一定超声辐射时间越长,处理效果越好,一定条件对应着一定的最佳辐射时间。实验条件下,2.5 min 辐射时间的除油率最高。

5. 油田采出水中含油量对破乳除油率的影响

在超声功率为 1 000 W、频率为 27 kHz、空化阈相对声强为 0.46、水温为 45℃、处理水量为 12 L 条件下进行油田采出水含油量对破乳除油率的影响实验,结果如图 4-21 所示。

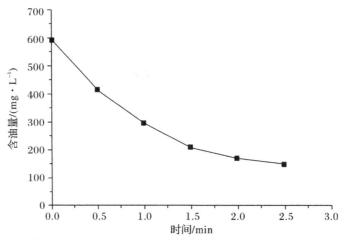

图 4-21　油田采出水中含油量对破乳除油效果的影响

可以看出,在实验范围内,油田采出水中初始含油量越高,其破乳的速率越高(图中表现为斜率较大),初始浓度接近时,破乳速率也接近。

分析其原因,采出水中含油量与油田采出水中乳化油的粒径分布有关。超声在一定的功率和频率下,能够破坏的乳化油粒的半径存在一下限 r_{min},只有半径大于 r_{min} 的乳化油粒子才能结合、上浮、脱离水相。油田采出水中乳化油粒子的粒径分布是相对稳定的,随着超声的作用,油田采出水中半径大于 r_{min} 的乳化油粒数目减少,半径小于 r_{min} 的乳化油粒又不能被破坏,因而使得破乳速率逐渐降低。

由此推断,超声波脱油中,在确定的条件下,不停的分离油层(防止其再次被超声乳化),处理效果存在上限,即油田采出水中只含有粒径小于 r_{min} 的乳化油粒子,其大小与超声频率、功率、反应器形式、油田采出水中乳化油粒径分布等因素有关。

6. 超声声强对破乳除油率的影响

对超声辐射破乳机理与临界超声声强理论的研究表明,声强是超声破乳中一个重要的可控制参数,不同乳状液的最优破乳声强不一样,均存在 I_c,即临界超声声强。当所加超声声强 I 大于临界超声声强 I_c 时(小于空化阈),表面膜会立刻被破坏,从而使得油粒子结合。但是当 I 小于 I_c 时,表面膜将不能被破坏,所以乳化液的破乳无法进行。在超声功率为 1 000 W、频率为 27 kHz、水温为 45℃、处理水量为 12 L 条件下进行超声波声强对破乳除油率的影响实验,曲线趋势如图 4-22 所示。

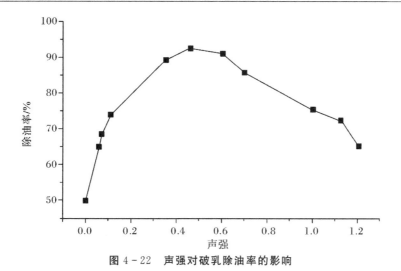

图 4 - 22　声强对破乳除油率的影响

可以看出,最优声强值为 0.35～0.6,这与理论上的分析结果相吻合。

7. 结论

结果表明,超声声强和频率对破乳除油影响最为显著,超声反应器形式、功率、辐射时间和油田采出水含油量等因素也对破乳除油率有着明显的影响。

五、生化

(一)基本原理

从受石油污染的土壤中筛选本源高效嗜油菌群,通过微生物的作用完成有机物的分解,将有机污染物转变成 CO_2、水以及少量污泥。生化耐冲击负荷能力较强。除油反应温度均根据本源微生物的生长需要确定,一般 30℃～35℃。如果水温超过 35℃,则采出水进入冷却塔,把污水温度降低至 35℃以下。工艺流程示意如图 4 - 23 所示。

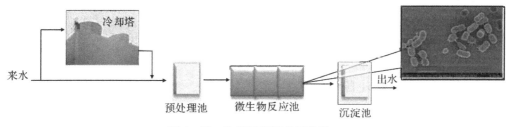

图 4 - 23　生化工艺流程示意图

生化除油工艺耐冲击负荷能力较强,出水水质稳定,现场主要对水温和含氧量进行控制监测,运行中不投加絮凝药剂,污泥产量少,含油量低。需不定期投加微生物营养液[(4 g/m³·d)],满足生物活性需要,操作管理简单。根据微生物增殖载体的不同分为接触氧化法及活性污泥法。

1. 接触氧化法

在生物反应箱内设置众多生物填料,填料全部浸没在水中,油田采出水以一定的速度流经填料,使油田采出水中油珠以及有机物与附着于载体上的微生物接触。经过特殊培养及驯化后适合油田采出水特性的生物菌群形成生物填料群,除油微生物以生物填料为载体进行生长,在生物填料上形成生物菌膜,吸收、附着和降解水中的油和其他有机类物质。生物填料群通过自身新陈代谢的整个生命过程,完成对水中油珠及有机物的降解,以达到对整个采出水的净化。同时在反应箱底部设置鼓风曝气充氧装置,提供微生物降解油珠及有机物所需要的氧量,并起到搅拌混合作用。采用此方式,能够保证采出水在反应箱内循环流动,气水及微生物得到充分接触,水中溶解氧含量较高,采出水处理效果较好。需要配套曝气装置、生物填料及支架、固液分离池等。

2. 活性污泥法

在活性污泥法过程中,除油微生物以活性污泥为载体进行生长,吸收、附着和降解水中的油和其他有机类物质。微生物反应池内无生物填料,微生物生化池底部设有高效微孔曝气器,在池内形成悬浮污泥状絮凝物,利用除油微生物菌种来分解污水中乳化油和浮油,确保系统的稳定运行。需配套曝气装置,而无需配套生物填料及支架、固液分离池等。

(二)工艺设计

1. 冷却塔

设置 1 台冷却塔,其为耐腐玻璃钢材质,当进水温度超过 35℃ 时,采出水首先泵入冷却塔,同时配套冷却风机,保证微生物的最佳生长条件,减少有害气体对周围环境的影响。

2. 微生物反应池

微生物反应池,采用多座串联运行,微生物反应池对有机物、油及 SS 进行生物降解。在运行初期,需定期向微生物反应池内投加驯化的本源除油联合菌群,提高采出水的可生化性及对有机物的去除效率。

微生物反应池底部设有先进的微孔曝气器,气源为空气。配套曝气风机。微生物反应池内设有加密型生物填料,生物填料为组合填料,在填料内充填一种特殊材料,更利于微生物的挂膜和生长。配套进水流量计、温度仪。

3. 高效组合式沉淀池

高效组合式沉淀池,侧面进水,底部排泥,泥水分离效率高。沉淀污泥排至污泥干化池。上清液自流到原有中间水池。配套斜板/斜管沉降分离设施。

六、旋流分离高效除油

(一)基本原理

旋流分离技术是一种高效节能分离技术,它的关键部分是旋流分离器,简称旋流器。含油污水从切向进口以一定的压力或速度注入旋流分离器,从而在旋流分离器内高速旋转,产生离心力场。在离心力的作用下,密度大的水被甩向四周,并顺着壁面向下运动,作为底流排出;密度小的油迁移到中间并向上运动,作为溢流排出,从而达到液体分离的目的。旋流分离器工作原理如图 4-24 所示。

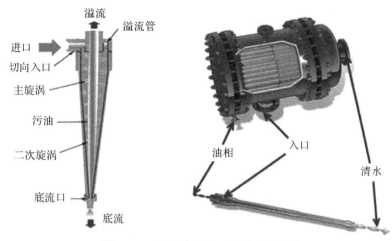

图 4-24　旋流分离器工作原理示意图

旋流除油器由多只锥形管组成,锥管两端由两块固定隔板固定于一个圆筒形容器内,被分隔为进水室、出水室、集油室三段。锥形旋流管的工作原理为:含油污水从进水室内锥管端部切线进水口进入头部,沿锥管壁作高速螺旋旋转流动,流向越来越细的出口端(尾部)。高速旋转产生离心力,且离心力是随越来越快的旋转运动而越来越大。

由于含油污水中油和水的密度不一样,存在一个密度差,密度较小的油珠受离心力的反力——向心力作用压向中央,且离心力从进口到出口越来越大,油珠受到的向心力也随之越来越大,中心油珠从出口端(小端)被压向进口端(大端),油从出口端顶部导油管被挤出至导油室,从而污水中的油珠从水中分离,水则从小端进入出水室。

油水密度差一般应大于 0.05 g/cm³。非乳化的含油污水,采用旋流器除油才能获得较高效率的除油效果。而乳化的含油污水采用旋流器除油时应先进行破乳处理。旋流器分离出的油珠粒径一般在 15 μm 以上。

(二)效果影响因素

含油采出水的物性主要是指采出水的密度、粒度组成和污泥浓度。密度越大,分离精度越高。当浓度大、含泥量高时,其黏度和密度大,颗粒的运动阻力增加,分离精度低,反之亦然。

就结构方面而言,影响水力旋流器工作效率的因素主要包括柱体直径与高度、进口尺寸、沉砂嘴直径、溢流管直径与深度及圆锥角大小。

柱体直径是水力旋流器的主要规格尺寸,与其他各部件尺寸都有一定关系,它决定了水力旋流器的分离精度和生产能力。当进水压力、进口、溢流口与旋流器直径间比值保持不变时,旋流器生产能力随水力旋流器柱体直径增大而增大,分离精度也会随水力旋流器柱体直径增大而变差。

进口尺寸会影响水力旋流器工作效率及生产能力。进口过大或过小都不利于提高分离精度。若给矿粒度较粗,给矿压力较低,进口与水力旋流器柱体直径的比值可以略大些,一般以 0.16～0.20 为宜;而当给矿粒度较细,给矿压力较高时,进口与水力旋流器直径的比值通常维持在 0.14～0.16。

通常,沉砂嘴直径大,溢流量小,溢流粒度变细,而沉砂量增加,浓度变低,细粒增多,但对处理量无明显影响。沉砂嘴直径小,沉砂浓度高,沉砂排出量减少,溢流中会出现"跑粗"现象;

沉砂嘴过小,则会使粗粒在锥顶越积越多,以致出现堵塞现象。

溢流管直径应与水力旋流器柱体直径保持一定比例。增大溢流管直径,溢流量会相应增加,溢流粒度变粗,沉砂中细粒级减少,沉砂浓度增大,分级效率下降。此外,溢流管深度与水力旋流器柱体高度比值也应保持在 0.7~0.8,溢流管过深或过浅都会导致溢流粒度变粗,沉砂中细粒级含量增加,从而影响工作效率。

(三)工艺设计

长庆工程设计有限公司目前研究集成了处理规模为 500 m^3/d 的旋流高效除油一体化集成装置。其技术指标为进口:含油 200~300 mg/L,含悬浮物 200~300 mg/L,粒径中值≤20 μm。出口:含油≤50 mg/L,含悬浮物≤50 mg/L,粒径中值≤10 μm。三相分离器来水进入旋流高效除油装置。当来水压力低于 0.35 MPa 时,经缓冲加压后高效分离出水。当来水压力达到 0.35 MPa 时,直接由超越流程,经高效分离出水。

此装置的优点是:除油效率更高(90%~95%),去除粒径小于 10 μm。流态平稳,性能稳定;结构紧凑,占地面小,重量轻;一体化集成,安装、运行和维护方便。此装置工艺流程框图如图 4-25 所示。

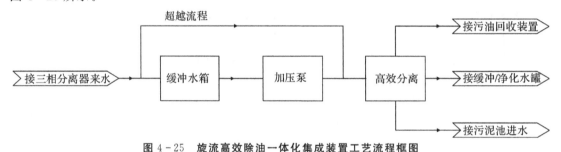

图 4-25 旋流高效除油一体化集成装置工艺流程框图

成套装置包括以下内容:缓冲水箱 1 具,用于来水缓冲。加压泵 2 台(1 用 1 备),用于从缓冲水箱吸水,加压进入高效分离器。高效分离器 1 具,用于采出水快速旋流分离。分离器通过强大的旋流产生超强离心加速度,在强大向心力的作用下,油滴快速相互碰撞、聚结,并在水中分离,实现采出水中的油滴(或悬浮物)快速、高效去除。

装置设仪表控制柜 1 面(与配电柜合用),全自动运行。缓冲水箱高、低液位与加压泵连锁启停,液位连续监测。加压泵进口压力监测,压变与电动阀连锁。高效分离器进口压力监测。当来水压力低于 0.35 MPa 时,自动关闭超越电动阀,打开水箱进水电动阀,缓冲加压。当来水压力达到 0.35 MPa 时,自动打开超越电动阀,关闭水箱进水电动阀,直接进入超越流程。

第四节 过 滤

过滤是利用过滤材料分离采出水中杂质的一种技术。根据过滤材料的不同,过滤可分为颗粒材料过滤和多孔材料过滤两大类。

长庆油田属低渗透、特低渗透油田,其流体通过能力差,有效孔隙率低,为确保注水水质,采取的过滤方式均为颗粒材料过滤,属表面过滤。

一、基本原理

在粒料层过滤中,通过滤料空隙的絮粒、油粒、悬浮物、微生物以及胶体颗粒被截留在滤料表面上,其颗粒的粒径如图 4-26 所示,另外用图 4-27 的球状砂粒两种极端排列情况给出滤料颗粒间空隙的具体大小概念。

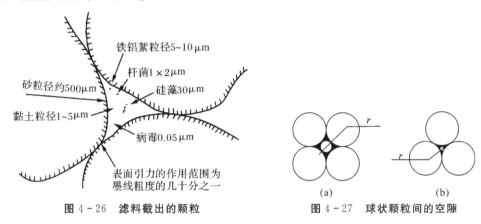

图 4-26　滤料截出的颗粒　　　　图 4-27　球状颗粒间的空隙

如砂粒直径为 0.5 mm,则图 4-27(a) 中的阴影部分面积为 53 750 μm^2,$r=207$ μm;图 4-27(b) 中的阴影部分面积为 10 126 μm^2,$r=77$ μm。说明滤料截留的颗粒远比滤料的粒间空隙小,截留的过程就不能用滤除作用来说明。一般认为必须通过微小颗粒向滤料表面的"输送"以及在滤料表面的"附着"两个阶段才能实现滤料,也就是说悬浮于水中的微粒必须首先被送到贴近颗粒的表面,然后才能被滤料截留。

输送过程大致受物理、水力学的一些涉及物质输送的作用支配。而附着过程主要受界面化学作用支配。表 4-14 列出了滤料截除悬浮微粒的主要作用,微粒截除机理示意如图 4-28 所示。

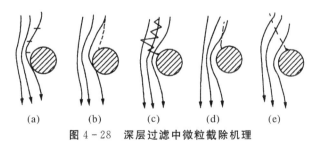

图 4-28　深层过滤中微粒截除机理

表 4-14　滤料截除微粒的作用

输送作用	附着作用
①布朗扩散	①机械滤除
②惯性运动	②吸附:化学吸着(化学结合、架桥等);物理吸着(库伦力、范德华力)
③随水流的接触	④絮凝
④沉淀	④生物作用

(1)输送。微粒的输送是由表4-14中第一栏所列的各种作用单独或综合作用的结果。由于水流在滤层中的运动属于层流区或过渡区的前段,所以在考虑各种作用力时,略去因紊流所引起的输送作用。

(2)附着。当悬浮颗粒因上述输送作用而被送到固液界面时,如果固液界面和悬浮粒子的表面性质能满足附着条件,悬浮颗粒就会被滤料颗粒"捉住",如果界面条件不能满足附着要求,滤料就不能"捉住"这些颗粒。

二、过滤器滤速选择

油田常用过滤器为体外循环式核桃壳过滤器和改性纤维球过滤器,单独或组合使用。常见过滤器滤速统计见表4-15。

表4-15 常用过滤器滤速

滤料类别	一级过滤滤速/(m/h)	二级过滤滤速/(m/h)
核桃壳	≤16	—
石英砂	≤8	≤4
石英砂+磁铁矿	≤10	≤6
改性纤维球	—	≤16

三、冲洗方式

过滤器的冲洗方式的选择,应根据滤料层组成、配水配气系统形式,通过试验确定。冲洗水应为净化水,水温不低于采出水中原油凝固点。

四、冲洗强度

粒状滤料过滤器宜采用变强度反冲洗,即先小强度"颗粒碰撞"松散滤料,后大强度"水流剪切"清除污染物。图4-29为大庆油田采取的变强度反冲洗效果图。

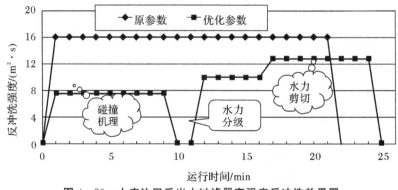

图4-29 大庆油田采出水过滤器变强度反冲洗效果图

采用变强度反冲洗技术可提高滤料再生质量,增强滤料的纳污能力,延长滤罐的有效过滤周期。

在缺少资料的情况下,反冲洗强度可分别按表 4-16 和表 4-17 选用。

表 4-16 过滤器水反冲洗强度

滤料类别	一级过滤器/[L/(m² · s)]	二级过滤器/[L/(m² · s)]
核桃壳	6～7	—
石英砂	14～15	12～13
石英砂+磁铁矿	15～16	13～14
改性纤维球	—	5～6

表 4-17 过滤器气反冲洗强度

滤料类别	冲洗强度/[L/(m² · s)]
级配石英砂滤料	15～20
均粒石英砂滤料	13～17
双层滤料(煤、砂)	15～20

第五章 配套工艺措施及污泥减量化

第一节 采出水处理配套工艺

一、腐蚀防护

(一)金属腐蚀的定义和分类

国际标准化组织对腐蚀的定义为："金属与环境间的物理-化学的相互作用,造成金属的性能变化,导致金属、环境或由其构成的一部分体系功能的损坏。"

定义中"环境"指腐蚀介质。油田采出水处理中,管道、设备、储罐所处的"环境"即腐蚀介质为,采出水、土壤与大气。从腐蚀机理可将腐蚀划分为电化学腐蚀和化学腐蚀两大类。

油田采出水处理系统中所有的管道、设备、储罐的腐蚀都是电化学腐蚀。

(二)电化学腐蚀的基本原理

1. 电化学腐蚀

腐蚀是由电化学反应引起的,首先生成的是氢氧化亚铁,在碱性水中与氧气化合生成氢氧化铁,形成膜停留在金属表面。

此处以长庆油田学一联合站油田采出水为例,其 pH 值为 $6.0 \sim 7.0$,主要发生如下反应(即吸氧腐蚀):

总化学反应方程式为

$$4Fe + 3O_2 + 6H_2O = 4Fe(OH)_3 \tag{5-1}$$

$$4Fe(OH)_2 + O_2 + 2H_2O = 4Fe(OH)_3 \tag{5-2}$$

电极电位反应方程式如下:

$$E = E^0 + 0.059/4 \times \ln P_{O_2}/P^0 = -0.56 + 0.059/4 \times \ln P_{O_2}/P^0 \tag{5-3}$$

$$P_{O_2} = nRT/V = cRT/M \tag{5-4}$$

将式(5-4)代入式(5-3)得

$$E = -0.56 - 0.11\ln c \tag{5-5}$$

电极电位 $E_{Fe(OH)_3/Fe(OH)_2}$ 随溶解氧含量的变化情况如图 5-1 所示。

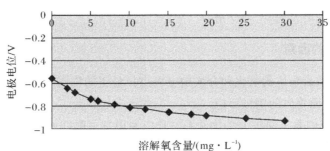

图 5-1　电极电位 $E_{Fe(OH)_3/Fe(OH)_2}$-溶解氧含量曲线

　　水中溶解氧越多其电极电位越向负移,设备及管道的腐蚀变得越敏感,越易腐蚀。大量实验表明,室温下碳钢在无氧纯水中的腐蚀速率小于 0.04 mm/a,腐蚀几乎观察不到,而当水中溶有氧后,则腐蚀速率成倍增加。在高矿化度油田采出水中,当溶解氧含量由 0.02 mg/L 增加到 0.065 mg/L 时,腐蚀速率增加 5 倍;当溶解氧含量达到 1.0 mg/L 时,腐蚀速率则增加 20 倍。

　　另外,水中大量离子的存在使水的导电能力大大增强,微电流增大,从而加快了氧浓差电池的腐蚀速度。特别是 Cl^- 具有很强的活性,容易在碳钢表面形成点蚀。点蚀电位与离子浓度之间的关系如下:

$$E = a + b\log c \tag{5-6}$$

式中　　E—— 金属的点蚀电位;

　　　　c—— 离子浓度;

　　　　a、b—— 常数($b < 0$),随金属材质的不同而不同。

　　从式(5-6)中可以看出,当离子浓度增大时,金属的点蚀电位将向负移,使得设备及管道的腐蚀更容易发生。

2. 微生物腐蚀

　　微生物腐蚀主要是指水中铁细菌和硫酸盐还原菌对设备及管道的腐蚀。任何一种细菌对 pH 值都有一定的适应性,通常细菌在中性和偏酸性介质中生长较好。铁细菌和硫酸盐还原菌亦是如此,当 pH 值为 8.0 时,它们的生长就受到抑制,pH 值在 8.4 以上时基本不生长。当 pH 值在 5.96~7.89 范围内时,铁细菌生长;当 pH 值在 5.96~8.35 范围内时,硫酸盐还原菌生长。

　　当 pH 值为 6.0~7.0 时,水样中铁细菌和硫酸盐还原菌都在繁殖生长。硫酸盐还原菌是一种腐蚀性很强的厌氧细菌,它常存在于内壁上。在无氧的条件下,它在金属电化学腐蚀过程中主要在阴极起极化剂的作用,能把硫酸盐还原成硫化合物,这样就加快了管道的腐蚀结垢速度。在厌氧条件下,有

$$H_2O = H^+ + OH^- \tag{5-7}$$

$$4Fe + 2H^+ + SO_4^{2-} + 2H_2O = FeS + 3Fe(OH)_2 \tag{5-8}$$

腐蚀铁与 FeS 量之比为 4:1,由方程式计算得每消耗 1 kg 硫酸根就有 2.3 kg 铁被腐蚀。

　　铁细菌是一种特殊化的营养菌类,在生存过程中能吸收亚铁盐并排出氢氧化铁。大量的亚铁离子储存于铁细菌本身,而在细菌表面生成三价铁的氢氧化物,为棕色黏泥。

　　铁细菌不直接参与腐蚀,但铁细菌的存在会加剧腐蚀。有报道指出,在铁细菌参与下,管

材设备的腐蚀速度会增大 300～500 倍。

(三)影响腐蚀的因素

金属腐蚀的本质是金属的氧化和介质中电极点位最正的物质的还原,即金属变成离子(腐蚀)的阳极反应和还原物质的阴极反应。

2011 年 4 月,我们委托同济大学化学系对长庆油田学一联合站采出水中的有关离子含量进行了分析,分析结果见表 5-1。

表 5-1　学一联合站采出水中有关离子分析一览表

水样名称	pH 值	$\dfrac{\rho_{Al^{3+}}}{mg/L}$	$\dfrac{\rho_{Ca^{2+}}}{mg/L}$	$\dfrac{\rho_{总Fe}}{mg/L}$	$\dfrac{\rho_{K^+}}{mg/L}$	$\dfrac{\rho_{Mg^{2+}}}{mg/L}$	$\dfrac{\rho_{Na^+}}{mg/L}$	颗粒中径粒度 D_{50} μm
水样 1	6.0～6.5	25	3 400	93	410	780	26 700	7.158
水样 2	6.0～6.5	18	2 600	45	260	590	22 500	未测
水样 3	6.0～6.5	24	2 900	59	290	660	23 000	未测

从分析结果可以看出,长庆油田学一联油田采出水水质具有高矿化度、高腐蚀性、高含铁、低 pH 值的特点。

1. 铁离子的影响

铁离子是对设备及管道产生腐蚀的主要因素。长庆油田学一联采出水水质呈弱酸性,采出水中含有铁离子,进入金属设备或管道后会发生如下反应:

$$Fe^{2+}-e=Fe^{3+} \tag{5-9}$$

$$H_2O=H^++OH^- \tag{5-10}$$

$$Fe^{3+}+3OH^-=Fe(OH)_3 \tag{5-11}$$

$$2H^++Fe=Fe^{2+}+H_2 \tag{5-12}$$

水中 Fe 离子进入设备或装置后,和水中的溶解氧发生反应,Fe^{2+} 被氧化成 Fe^{3+}。Fe^{3+} 与由水电离出来的 OH^- 反应,形成 $Fe(OH)_3$。当 $Fe(OH)_3$ 的颗粒半径$(D_{50})>300\ \mu m$ 时,就会形成红棕色沉淀析出。又由于水呈弱酸性,在弱酸性环境下铁易失去电子形成 Fe^{2+}。Fe^{2+} 进一步发生反应形成 $Fe(OH)_3$ 沉淀物。Fe^{3+} 的减少促使反应不断的向正反应方向进行,最终导致金属铁的溶蚀,从而使金属设备及管道发生腐蚀。

电极电位方程式为

$$E=E^0+0.059\ln c_{Fe^{2+}}=-0.44+0.059/2\ln a_{Fe^{2+}} \tag{5-13}$$

式中,a 为离子活度$(a<1)$。

随反应向右进行,Fe^{2+} 浓度增大,E 值减小,使铁离子对设备的腐蚀变得更为敏感,更易使离子进入水体。受水中铁离子的影响,式(5-13)中 E 值又进一步减小,使铁更易发生式(5-9)的反应。这样不断地循环往复,金属铁不断地进入水体,使水中铁的含量增加。这样循环往复的反应过程是设备及管道腐蚀加剧的原因。腐蚀产生的后果不但使处理后的水变浑变浊,而且会大大缩短设备及管道的使用寿命。因此,延长设备及管道使用寿命必须控制水中铁的含量。

在弱碱性条件下,Fe^{3+}是性能优良的絮凝剂,当油田采出水中含有大量的Fe^{2+}时,Fe^{2+}在碱性条件下很容易被氧化为Fe^{3+},形成$Fe(OH)_3$沉淀物。所以,在油田采出水处理中,强化水质预处理,通过水质改性,在碱性条件下直接加氧化剂将水中的Fe^{2+}氧化为Fe^{3+},以Fe^{3+}为无机絮凝剂,配以合适的有机阳离子混凝剂,既可大量消耗水中铁离子的含量,减少系统设备、管道的腐蚀,又可降低水的矿化度,减轻后续处理设备的负荷。

2. 矿化度的影响

水的矿化度对金属设备及管道的腐蚀起了推波助澜的作用。矿化度增加了水中离子数量,大大增强了水中离子的导电能力,加快了原电池反应速率。大量离子(如Ca^{2+}、Na^+)的存在,在加快原电池腐蚀速度的同时,也会与水中其他离子(如SO_4^{2-}、S^{2-}、HS^-、CO_3^{2-}、HCO_3^-等)发生化学反应,形成沉淀物,使设备及管道内壁结垢、管道堵塞,严重影响设备及管道的使用。

油田采出水都存在高矿化度的问题,经实验得设备及管道的腐蚀速度随矿化度、溶解氧含量(溶氧量)变化的关系曲线如图5-2所示。

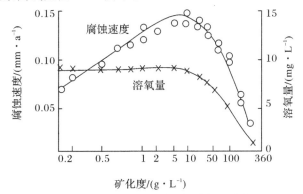

图5-2 腐蚀速度、矿化度-溶解氧曲线

可以看出,当矿化度<10 g·L^{-1}时,随矿化度的升高,设备及管道的腐蚀速度也基本呈线性增长;当矿化度>10 g·L^{-1}时,设备及管道的腐蚀速度降低。但是当矿化度>10 g·L^{-1}时,由于水中溶解氧降低,从而设备及管道的腐蚀速度减缓。另外,矿化度升高,水中的离子浓度增大,各离子间发生反应使结垢倾向增大,结垢后在设备及管道内壁形成保护层,降低了设备及管道的腐蚀速度。

高矿化度水中大量阴、阳离子的存在使原电池反应速度加快,同时也加快了设备及管道的结垢速度。Ca^{2+}和水中的CO_2、CO_3^{2-}、HCO_3^-、SO_4^{2-}、S^{2-}等离子结合生成$CaCO_3$、$CaSO_4$等沉淀物。而$CaCO_3$、$CaSO_4$等沉淀物还会与Fe^{2+}等形成包结沉淀物,其硬度远大于$CaCO_3$、$CaSO_4$等沉淀物,它们附着在设备或管道内壁上,不但使设备及管道结垢、管道堵塞,也增加了除垢难度。管道的结垢为硫酸盐还原菌、铁细菌的繁殖生长创造了条件,进一步改变Ca、Fe盐包结沉淀物的结构,大大加快了晶体的增长速率,也提高了设备及管道腐蚀的结垢速度,使设备及管道进一步劣化。这种沉淀物和细菌之间的相互补充效应使设备及管道腐蚀结垢严重恶化。

高矿化度水在弱酸环境下加快原电池反应的同时,也会使水中的pH值降低,特别是在Cl^-离子存在的情况下,不仅设备及管道表面的保护膜会被破坏,而且其还会继续和设备及管道中的铁快速反应,形成点蚀。

分析水样中矿化度为 $75 \sim 82$ g/L,且由于水中 Al^{3+}、Fe^{2+}、Fe^{3+}、SO_4^{2-}、CO_3^{2-}、HCO_3^- 等离子的存在,腐蚀速度接近 0.093 mm/a。这时,设备及管道的结垢倾向更大。

实验结果表明,当水中铁含量为 50 mg/L 时,碳钢的腐蚀速度为 6.13 mm/a。

大庆油田采油五厂对油田储油罐的腐蚀速度做了现场调查,发现在无保护条件下腐蚀速度为 $0.52 \sim 0.58$ mm/a。

因此,降低矿化度、减少铁离子含量是设备及管道防腐、防结垢的根本。

3. pH 值的影响

pH 值也是影响金属腐蚀的因素之一。中科院金属腐蚀与防护研究所模拟了塔里木油田水质,进行了不同 pH 值下水质对金属的腐蚀速度实验。金属腐蚀速度随 pH 值变化趋势如图 5 - 3 所示。

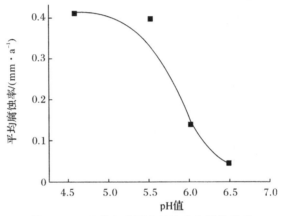

图 5 - 3 pH 值与金属腐蚀速度之间的关系

由图 5 - 3 可看出,金属的腐蚀速度随 pH 值的升高而降低,在 pH 值为 7 时趋近于最小值。这是由于一方面,当 pH 值较高时,金属不易丢失电子形成离子进入水体;另一方面,水中铁形成的化合物主要是氧化铁、氢氧化铁,其形成的保护膜阻止了设备及管道的腐蚀。因此适当提高 pH 值可以减小设备及管道的腐蚀速度。

4. 温度的影响

温度几乎能提高所有化学反应的速度。对油田采出水腐蚀的影响主要表现在两个方面:一方面温度的升高,加快了腐蚀反应的速度,使腐蚀加剧;另一方面由于水温升高,溶解氧含量减少,使阴极去极化能力减弱。对阴极反应主要是氧的去极化反应的中性和碱性溶液来说,温度升高,腐蚀减弱,两方面综合,温度升高,腐蚀还是要加剧,但变化相对较慢。但对酸性溶液,因为参与阴极去极化反应的是氢离子而不是氧,温度升高加快了阴极去极化反应的速度,所以,若采出水呈酸性,则温度对腐蚀的影响要大于中性和碱性的采出水,大约温度每升高 10℃,腐蚀加快 $2 \sim 3$ 倍。

5. 水中含油的影响

原油本身对碳钢几乎无腐蚀性。但分散在水中的油污、油与垢、油与泥沙等物黏附在构筑物表面,创造了腐蚀的条件。由于黏附物下部与水流隔绝,形成缺氧区,与黏附物接界的未污染区成为富氧区,因此黏附物下部成为氧浓差腐蚀电池的阳极区而被腐蚀。

(四)工程措施

腐蚀是金属与环境间的物理-化学相互作用的结果,是不可避免的,但它是可以控制和减缓的。可从以下方面予以考虑:

1)工艺设计中应有除氧或隔氧及对系统进行清洗的措施。

2)管、罐、设备及容器应避免有死角和滞留区。

3)避免在同设备内有两种或多种不同的金属材料,特别是对于电极电位相差较大的材料,应防止形成电偶腐蚀。如不可避免,应在异种金属间采取可靠地绝缘措施。

4)缓蚀、杀菌等药剂的投加必须在进行现场筛选、试验后确定。

二、结垢防治

油田采出水在处理、管输运行过程中,水中的某些组分在构筑物表面沉积的过程称为结垢。垢分为盐垢(水垢,Scale)、淤泥(Sludge)、生物沉积物(Biological Deposits)和腐蚀产物(Crrsion Products)等四类。其中,后三类统称为污垢(Fouling)。盐垢主要是采出水中溶解盐的沉积物。污垢一般是由颗粒细小的泥沙、尘土、油污、腐蚀产物,特别是微生物尸体及其黏性分泌物组成的。

(一)结垢机理

当盐在水中的溶解速度与盐从水中析出的速度相等时,该盐在水中的溶解量达到饱和。此时该盐在水中的离子浓度积为一常数,即容度积。当工况条件变化,如温度、压力、pH 值等改变,或不同水性的水混合后,盐在水中产生过饱和的不稳或暂稳状态时,离子的浓度积大于容度积,过饱和部分的盐将沉淀析出成垢。

垢的成因十分复杂。成垢离子是结垢的物质基础,外因是成垢的条件。外因主要是指水的温度、系统压力、含盐量、pH 值等的变化。外因与结垢量的变化关系见表 5-2。

表 5-2　外因与结垢量变化关系

外　因	盐　垢			
	$CaCO_3$	$CaSO_4$	$BaSO_4$	$SrSO_4$
温度 T	$T\uparrow$垢$\uparrow$	38℃以上,$T\uparrow$垢$\uparrow$	$T\uparrow$垢$\downarrow$	$T\uparrow$垢$\downarrow$
含盐量 S	$S\uparrow$垢$\downarrow$	S 在 150 000 mg/L 以下,$S\uparrow$垢$\downarrow$	$S\uparrow$垢$\downarrow$	
系统压力 P	P 由高变低出垢$\uparrow$			
pH	pH$\uparrow$垢$\uparrow$			

(二)结垢的预防

1. 避免不相容的水混合

两种化学组分不同的水相混,就会产生结垢。不相容原因是混合后的水具有了成垢的离子和成垢的条件。采出水回注地层时,首先要进行配伍性试验。

2. 控制成垢的外因条件

表 5-2 表明,温度、压力、pH 值、流速等工况发生改变,就会改变结垢趋势。如降低水溶

液的 pH 值,可使 $CaCO_3$ 的垢溶解。

3. 除去成垢离子

除去成垢离子就是改变水中的组分,主要有离子交换法和沉淀软化法。但由于油田采出水量巨大,采用这种方法运行费用高昂,实际上并未采用。

4. 阻垢剂

将微量阻垢剂加入水中,破坏了盐垢等晶体的正常生长过程,从而阻止盐垢的形成。一般情况下几毫克每升的阻垢剂就能阻止几百毫克每升的 $CaCO_3$ 沉淀析出。

三、微生物控制

长庆油田采出水温度一般在 30~55℃,含有大量的有机质,不含或低含氧,为细菌特别是厌氧菌的繁殖提供了有利条件。在众多的细菌中,与采出水系统腐蚀有关的细菌主要有硫酸盐还原菌(SRB)、腐生菌(TGB)、铁细菌、产酸细菌等。

(一)微生物类型及其危害

1. 硫酸盐还原菌(SRB)

硫酸盐还原菌是在无氧或缺氧状态下,将无机硫酸盐还原为二价硫的一类细菌,在微生物分类上属脱硫弧菌属和芽孢梭菌属。油田采出水中常见的硫酸盐还原菌为脱硫弧菌属。硫酸盐还原菌易生于水流较慢的地方或死水区。

硫酸盐还原菌对铁的腐蚀机理是阴极去极化,基本反应式为

$$SO_4^{2-} + 4H_2 \rightarrow S^{2-} + 4H_2O \qquad (5-14)$$

腐蚀产物掩盖在管壁,与没有被覆盖的铁构成一个腐蚀电池,加速金属腐蚀。另外,这些掩盖层也为硫酸盐还原菌的生长创造了良好的厌氧环境,造成了进一步腐蚀。

硫酸盐还原菌的腐蚀产物 FeS 与油污黏附在一起,随注入水注入地下,堵塞地层。对于低渗透、特低渗透油田而言,硫酸盐还原菌本身也会引起堵塞。

2. 腐生菌(TGB)

腐生菌是异养型的细菌,是油田采出水系统中数量最多的一种有害细菌。它们产生一种胶状的、黏性的或黏泥状的附着力很强的沉积物,影响杀菌剂、阻垢剂的作用并使金属表面产生浓差电池,造成设备腐蚀。它们通常吸附在管壁上、含水油罐的油水界面处。

3. 铁细菌

铁细菌是一种分布比较广的好氧菌,在微生物分类上属嗜铁荚膜菌属、嘉式铁杆菌属、嗜氧球菌属。

铁细菌产生的氢氧化铁可以在管壁上形成铁瘤,铁瘤与铁细菌代谢形成的黏液附着于管壁,形成浓差电池,引起腐蚀。与腐生菌一样,铁细菌也为硫酸盐还原菌生长提供了适宜的生长环境,并阻止了杀菌剂与细菌的接触。

4. 产酸细菌

产酸细菌包括硝化细菌及硫杆菌,前者能将水中的氨转化为硝酸,后者能将水中的可溶性

硫化物转化为硫酸,从而加快金属的腐蚀。

(二)抑制细菌的措施

通常采用物理、机械以及将它们合适的杀菌剂处理工艺相结合的方法抑制细菌。可投加相关杀菌药剂,如氯、氯胺、二氧化氯等。此外,也可通过紫外线、臭氧等方式抑制细菌。

四、系统工程密闭

油田采出水对地面工程所产生的腐蚀、结垢和微生物危害,引发的因素和影响条件都不是单一的,而是相互关联、相互作用的,因此,必须系统地进行综合治理。

国内外油田对注入水中含氧量有着不同的要求,特别是注入高矿化度水时,对水中溶解氧含量要求不同。美国全国防腐工程师协会在"除去水中氧气的气提塔的设计和操作"规程中规定,不含 H_2S 的水,溶解氧含量不得超过 0.05 mg/L;当同时含有 H_2S 时,溶解氧含量不得超过 0.01 mg/L。长庆油田分公司企业标准《长庆油田采出水回注技术指标》(Q/SY CQ 3675－2016)中规定,溶解氧含量不得超过 0.5 mg/L,硫化物含量不得超过 2.0 mg/L。

来自油层的采出水是不含氧气的。

长庆油田所属各区块油田采出水具有含盐量高、氯离子含量高的特点。由于氯离子有较小的离子半径而表现出极强的穿透能力,同时油田采出水具有良好的导电性,因而电荷在采出水中的传递速度极快,这就决定了采出水引起的腐蚀主要是电化学腐蚀。溶解氧由于其本身的氧化性和极强的阴极去极化作用,造成了高含盐量采出水的电化学腐蚀,并以穿透性点蚀为主要腐蚀特征。

长庆油田地面工艺均采用流程密闭系统,使采出水在封闭的环境中运行,油田采出水中溶解氧含量接近于零,因而采出水的腐蚀性大幅度降低。无氧水的腐蚀是 H_2S、SRB 及无机盐类引起的腐蚀。根据近年来长庆油田开发处对 10 个点取样进行挂片的试验数据分析结果,全油田采出水的平均腐蚀率为 0.018 1 mm/a,此单项数据已基本达标,具体见表 5-3。

表 5-3　采出水腐蚀率一览表

序　号	取样地点	腐蚀率/(mm/a)
1	马岭南区	0.009 4
2	马岭中区	0.025 1
3	红井子	0.030 5
4	油房庄	0.031 6
5	吴起	0.016 1
6	高沟口	0.013 7
7	靖一联	0.043 7
8	靖二联	0.003 9
9	悦联站	0.002 5
10	华池	0.004 1
11	平均值	0.018 1

(一)柴油密闭

20世纪80年代长庆油田在注水、油田采出水处理系统中曾采用柴油作隔离层进行密闭，虽取得一定效果，但不够理想。据《油田水处理设计手册》(参考文献[11])介绍，氧能以惊人的快速扩散通过油层。对柴油隔油层下水中溶解氧含量进行了测定，数据见表5-4。

表5-4　柴油隔油层下水中溶解氧含量测定表

隔离时间/min	溶解氧含量/(mg/L)	隔离时间/min	溶解氧含量/(mg/L)
10	1.2	20	2.5
40	4.0	80	7.0
120	8.0		

表5-4说明，油隔层隔氧效率较差，还易在油水界面滋生细菌污染水质，目前此方法已经不再采用。

(二)饼式密闭隔氧装置

该工艺为20世纪90年代初研制成功的一种密闭隔氧技术，长庆油田于1994年引进，并结合实际作了局部改造，增设了溢流管，取消了远控系统。目前在油田广泛使用。

其基本原理就是在水罐内安装一个能上下浮动的特制高分子密闭隔氧装置气囊，将水和大气隔开，阻止氧的溶入，从而达到密闭隔氧的目的。饼式密闭隔氧装置安装示意如图5-4所示。

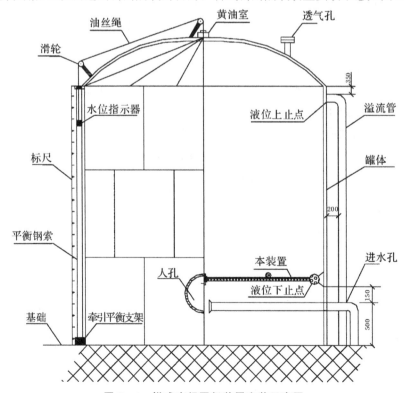

图5-4　饼式密闭隔氧装置安装示意图

该装置多用于无内部构件的注水罐、缓冲罐、调节水罐。为防止安装及停产检修时损坏气囊,要求罐内壁防腐后平滑无毛刺,溢流管线焊接时不得凸出罐体,内壁要平滑,滑动装置及油丝绳半年保养一次。

五、真空脱氧

(一)真空脱氧的必要性

金属的电化学腐蚀过程中,氧起着去极化的作用,加速了金属的腐蚀过程,造成了系统的腐蚀,恶化了注水水质。因此,去除水中溶解氧对油田注水开发具有重要意义。

安塞油田清水注水水源采自洛河层地下水,水质清洁,总矿化度在 0.6g/L 左右,是可供饮用的优质淡水,但水中溶解氧含量达到 6～9 mg/L,不能满足油田正常生产对注入水水质要求(溶解氧含量≤0.5 mg/L)。

为了解决水中氧的腐蚀,采取了在水中投加化学除氧剂的方法来降低溶解氧含量。经投加 Na_2SO_3 除氧剂后,水中溶解氧降至 1.5～1.0mg/L。但投加化学除氧剂 Na_2SO_3 后又出现了新的问题:水中 SO_4^{2-} 含量增加,与地层水中的 Ba^{2+}、Br^{2+} 离子生成 $BaSO_4$、$SrSO_4$ 沉淀,一旦结垢,很难去除。

油田注水过程中,脱除水中溶解氧国内外通常采用真空脱氧工艺。真空脱氧工艺的关键设备是真空脱氧塔和真空形成设备组件,关键技术是它们之间的最佳配置。脱氧塔目前有一级、二级、三级脱氧塔。经过广泛的调查、研究及对国内外各种脱氧方法进行分析、比较,发现二级真空脱氧工艺较其他方法,具有工艺流程简单、操作管理方便、运行安全可靠、脱氧效果好、不污染水质、现场条件要求不高等优点。

二级真空脱氧的原理:根据亨利定律,当温度不变时,气体在溶液中的溶解度与溶液上方该气体的分压成正比。在密闭容器和设定的温度条件下,使水面上的气体压力低于氧气在水中设计允许溶解量所对应的分压,使溶解于水中的氧气由液相向气相转移,并不断被排除,从而达到去除水中溶解氧的目的。

(二)影响脱氧效果的因素

1)水气接触界面:要有足够的水气接触界面,水中溶解气体才得以顺利通过界面进入气相。一般采用喷淋成雾或在填料表面形成薄膜的办法增大水气接触界面。

2)水温与水面气压:在设计允许脱氧水溶解氧含量一定的条件下,水面所对应的分压随水温的变化而变化。水温高,水面压力要求就高;水温低,水面压力要求就低。如要求脱氧水溶解氧量为 0.5 mg/L,水温 90℃时要求水面上的空气压力应小于 0.081 MPa;但水温在 30℃时则要求水面上的空气压力应小于 0.01 MPa。水温高,氧好脱;水温低,氧难脱。

3)必要的放气时间:气体从水中充分逸出达到预定的指标,需要一定的时间,即需要在一定的时间内维持必要的真空度。

4)足够的排气速度:迅速排除分离出来的气体,避免气体在水面上的压力升高影响气体逸出的速度与残余含量。要求选择的真空设备有足够的抽气速率。

二级真空脱氧工艺采用了高性能水环式真空泵对脱氧塔第一级填料空间抽真空,降低液体表面压力。通过大气喷射器的射流作用,对第二级填料空间间接抽真空,进一步降低液体表面压力,使第二级真空度高于第一级,达到提高除氧效果的目的。二级真空脱氧工艺流程及主要设备如下所述。

1. 工艺流程

二级真空脱氧工艺系统主要由供水系统、脱氧塔、真空系统和输出水系统四个部分组成。真空脱氧工艺流程如图5-5所示。

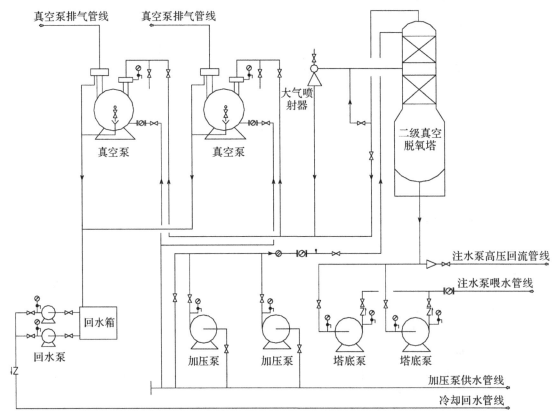

图5-5 二级真空脱氧塔工艺流程

2. 主要设备及系统选择

(1)脱氧塔

脱氧塔由塔体,布水系统,填料,填料支撑,一、二级真空段隔离设备,贮水段等部分组成。要求:

1)塔体一般采用钢板制造,除要求密闭外还要有足够的强度和稳定性。不允许有液体和气体的渗漏发生。正常运行时真空段处于负压状态。

2)布水系统要求进水能形成微小水滴或水雾,并能均匀地分布在塔体截面上,以获得最大的水气接触面,提高脱氧效率。

3)填料种类很多,有拉希环、鲍尔环、多面空心球、塑料波纹板等。要求填料要具有较大的比表面积、耐腐蚀、空气阻力小、价格低廉、装填方便等特点。

4)一、二级真空段的隔离,是二级脱氧塔的关键技术,应根据脱氧塔真空段确定的两级压力差经水力计算确定,使其具有很好的水力特性和压力隔断功能。

5)贮水段是脱氧水的贮存空间,其容积应不小于脱氧塔输出水泵 5 min 的排量。塔内水位应有一定的高度,以满足输出水泵的吸水要求。

（2）真空系统

真空系统可通过水射器、蒸汽喷射器、真空泵机组、大气喷射器等组成。根据脱氧水允许残留的氧的含量计算出的真空塔操作压力及抽气速率选择真空形成设备。在计算中漏气量的估算十分重要。估算大,真空设备就大;估算小,真空度可能达不到。目前还只能通过查表计算。真空系统的严密性也十分重要,要求管道连接尽量采用焊接,各种控制阀门要经过严密性试验,合格后才能安装到系统中,否则发生漏气现象很难检查出来。

（3）输出水泵

输出水泵指脱氧塔底部的吸水泵,要求具有一定的吸程,同时对泵的轴承部位的密封也有较高的要求。要防止脱氧水再次进气。

（4）仪表指示

脱氧塔二级真空度指示、贮水段液位指示,对运行操作非常重要,要选用质量可靠、指示准确的仪表。同时还应设置声光报警信号。

1995 年,安塞油田王一注水站建成了长庆第一套二级真空脱氧装置。设计参数:设计流量 50 m³/h,设计水温 5℃,原水溶解氧含量为 10 mg/L,脱氧后水中溶解氧含量小于 0.5 mg/L。淋水密度为 50 m³/h·m²。脱氧塔高 25 m,脱氧段直径为 1.2 m,贮水段直径为 2.0 m。为防止脱氧水的二次曝氧,流程上采用从塔底直接吸水进注水泵的方案。运行实践表明,只要塔内液位显示准确,用该方案运行完全可靠。王一注二级真空脱氧运行测试数据见表 5-5。

表 5-5　王一注真空脱氧运行测试记录

测试时间	流量 m³/h	水位 m	一级真空度 MPa	二级真空度 MPa	进水含氧量 mg/L	出水含氧量 mg/L
1995.11.9　10:00	48	4.0	−0.081	−0.084	9.343	0.193
1995.11.9　16:00	50	4.10	−0.081	−0.084	10.21	0.007
1995.11.10　10:30	62	4.5	−0.081	−0.084	6.935	0.1145
1995.11.12　10:00	60	4.5	−0.081	−0.084	7.03	0.092
1995.11.12　14:30	50	4.0	−0.078	−0.086	6.375	0.092
1995.11.12　21:00	40	3.7	−0.078	−0.086	7.609	0.096

从运行测试数据看,流量的变化对除氧效果影响不明显,整个系统运行中,脱氧效果稳定,出水含氧量达到了设计要求。

六、pH 值调节

（一）调节 pH 值的作用

以西峰油田、姬塬油田为例,其油田采出水具有"三高一低"（高矿化度、高浊度、高腐蚀性、低 pH 值)的特点,水中大量 SRB 等细菌在偏低 pH 值水质环境下生存、繁殖,造成系统腐蚀严重且采出水水质难于达标。调整 pH 值,使采出水由酸性环境变为碱性环境,既可抑制 SRB 等细菌的繁殖,又可除去采出水中溶解的 CO_2、H_2S 气体,减缓腐蚀,使水质得到净化。

提高 pH 值,有以下三方面需要注意:

1)采出水中 OH^- 增多,且 HCO_3^- 更易转化为 CO_3^{2-},从而有利于 $CaCO_3$ 和 $Mg(OH)_2$ 盐垢的形成。提高水的碱度,Ca^{2+}、Mg^{2+} 将会从溶解区穿过介稳区进入沉淀区,从而形成沉淀而结垢。

2)含碱高(pH 值>7.5)的采出水若回注油层,需作碱敏评价,以免形成对油层的损坏。

3)含碱过高(pH 值>10)的采出水,易引起金属的碱脆。

(二)pH 值调节剂的筛选

常用的 pH 值调节剂有 $CaCO_3$、$NaOH$、Na_2CO_3 等。由于采出水中含有大量的 Ca^{2+}、Mg^{2+} 离子,采用 $CaCO_3$、Na_2CO_3 调节 pH 值时,一是调节剂消耗量大,二是会产生大量的 $CaCO_3$ 和 $Mg(OH)_2$ 沉淀,会增加污泥量,并提高污泥处置的难度。采出水中存在的 Ca^{2+}、Mg^{2+} 离子,并不影响回注,而提高 pH 值的主要目的是减缓腐蚀、净化水质,并非希望盐垢的大量析出。而采用 $NaOH$ 作为 pH 值调节剂就不会存在上述问题。

(三)投加量计算

pH 值调节剂总耗药量可按下式计算:

$$G_z = G_s \frac{aK}{\alpha} 100 \tag{5-15}$$

式中　G_z —— 药剂总耗量,kg/h;

　　　G_s —— 采出水中酸含量,kg/h;

　　　a —— 中和剂耗量系数,见表 5-6;

　　　α —— 中和剂纯度(%),$NaOH$ 纯度为 95%;

　　　K —— 反应不均匀系数,对 $NaOH$ 按 1.2 考虑。

表 5-6　碱性中和剂的耗量系数

酸或盐		碱性中和剂名称					
		CaO	$Ca(OH)_2$	$CaCO_3$	NaOH	Na_2CO_3	MgO
分子式	相对分子质量	56	74	100	40	106	40
H_2SO_4	98	0.56	0.755	1.02	0.866	1.08	0.40
HNO_3	63	0.445	0.59	0.795	0.635	0.84	0.33
HCL	36.5	0.77	1.01	1.37	1.10	1.45	1.11
CO_2	44	(1.27)	1.68	(2.27)	1.82	—	—
$FeSO_4$	151.90	0.37	0.49	—	—	—	—
$FeCL_2$	126.75	0.45	0.58	—	—	—	—

注:①括号内数字表示反应缓慢,建议不予采用;②表中酸、盐、中和剂按 100% 纯度计算,实际需量须试验确定。

由于采出水组成复杂,往往有弱酸盐的共同离子效应,存在明显的缓冲能力,pH 值调节剂的实际用量远远超过理论计算用量,故 pH 值调节剂用量应待现场试验后确定。

调节 pH 值后,中和反应产生的盐类、药剂中惰性杂质以及采出水中的悬浮物一般用沉淀法去除。沉渣量可按下式计算:

$$G = G_z(B + e) + Q(S - c - d) \tag{5-16}$$

式中　G——沉渣量,kg/h;

　　　G_z——药剂总耗量,kg/h;

　　　Q——采出水量,m³/h;

　　　e——单位药剂中杂质含量,kg/kg;

　　　S——中和前采出水中悬浮物含量,kg/m³;

　　　c——中和后溶于采出水中的盐量,kg/m³;

　　　d——中和后出水挟走的悬浮物含量,kg/m³;

　　　B——消耗单位药剂所产盐量(比耗量),kg/kg,可按表 5-7 计算。

表 5-7　酸性中和剂的比耗量

碱	酸性中和剂							
	H_2SO_4		HCL		HNO_3		CO_2	SO_2
	100%	98%	100%	36%	100%	65%		
NaOH	1.22	1.24	0.91	2.53	1.57	2.42	0.55	0.80
KOH	0.88	0.90	0.65	1.80	1.13	1.74	0.39	0.57
Ca(OH)₂	1.32	1.35	0.99	2.74	1.70	2.62	0.59	0.86
NH₃	2.88	2.94	2.14	5.95	3.71	5.71	1.29	1.88

酸(碱)的当量值(R)见表 5-8。

表 5-8　酸(碱)的当量值(R)

酸(碱)名称	H_2SO_1	HCL	HNO_3	NaOH	Ca(OH)₂	CaO	NH₃
当量值(R)	49	36.5	63.01	40.01	37.05	28.04	17.0

当量浓度与一般浓度的换算关系为

$$B = \frac{C}{R} \tag{5-17}$$

$$B = \frac{10P}{R} \tag{5-18}$$

式中　C——以 g/L 计的浓度;

　　　P——以 % 计的浓度。

(四)注意事项

采取调节 pH 值进行水质改性时,应注意:

1)当 pH 值大于 7.5 时,需对水质作岩心过敏实验,找出最佳 pH 值。

2)筛选出的 pH 值调节药剂需与混凝剂、絮凝剂配伍性能好,产生的沉淀物量要少。

3)产生的絮状体不易在配水系统受到破坏。

4)避免二次污染。

七、系统清洗

(一)清洗目的

一方面,油田采出水系统在安装、运行过程中,不可避免地会有铁锈、泥砂等污染设备、管道,这些杂质的存在很难使金属表面活化,影响缓蚀剂在金属表面形成保护膜,造成水质二次污染;另一方面过滤设备工作达一定周期后,表层滤料间孔隙将逐渐被堵塞,甚至产生筛滤作用而形成泥膜(油膜),使过滤阻力剧增。其结果是,在一定过滤水头下滤速剧减(或在一定滤速下水头损失达到极限值),或者因滤层表面受力不均匀而使泥膜(油膜)产生裂缝,大量水流将自裂缝中流出,以致悬浮杂质穿过滤层而使出水水质恶化。清洗目的就是清除上述污物,确保水质合格。

(二)滤料的污染及清洗机理

滤料污染机理一般表现为三种形式:①机械黏附,即过滤过程中,油及悬浮物等污染物直接散落于滤料之上而发生黏附。污油黏度高,黏附于滤料表面的污染物与滤料之间的机械黏附力较大,不易去除。滤料种类不同,机械黏附力的大小也不同。②分子间黏附,即由分子间引力导致的油及悬浮物在滤料表面的黏附。当颗粒表面带有和滤料表面相反的电荷时,黏附更为强烈,特别是当污水处理的絮凝剂里含有大量的 Fe^{3+}、Fe^{2+}、Al^{3+} 离子,使其较易黏附于滤料表面。③化学键合力黏附,即污水中的油及悬浮物等污染物以化学键合力与滤料结合而黏附于表面上。

滤料清洗机理为:①润湿机理,是指清洗黏附于滤料表面的无机固体污染物。首先是污染物被表面活性剂水溶液润湿,使黏附力减弱,油污卷缩,然后在反冲洗水流的冲击作用下将污染物排除。②乳化机理,指黏附于滤料表面或平铺开的油污,通过表面活性剂的乳化作用而除去。③溶解机理,当清洗剂中的表面活性剂浓度大于临界胶束浓度时,滤料表面的油污可以通过增溶去除。

(三)清洗方法

1. 系统清洗

系统清洗指采用清洁水正向或反向通过系统,除去松散的颗粒、碎片和积存的污泥。

2. 设备清洗

1)改性纤维球过滤器:滤料为亲水疏油、可压缩、比重大于水的软性滤料,清洗时利用净化水反向冲洗滤料层,使整个滤层达到流态化状态,且具有一定的膨胀度。截留于滤层中的污物,在水流剪力和滤料颗粒碰撞摩擦的双重作用下,从滤料表面脱落下来。冲洗效果决定于冲洗流速。冲洗流速过小,滤层孔隙中的水流剪力小;冲洗流速过大,滤层膨胀度过大,滤层孔隙中的水流剪力会降低,且由于滤料颗粒过于分散,碰撞摩擦概率也减小。因而冲洗强度的大小直接影响冲洗效果。根据油田使用情况,冲洗强度选为 10 L/s·m²,时间选为 20～30 min。

2)核桃壳过滤器:滤料为亲水性好、抗油浸、比重大于水的滤料,反冲洗采用体外搓洗泵搓洗＋滤料的方式进行。滤料清洗剂的基本组成为表面活性剂和无机助剂。根据辽河设计院试验研究,选用 DBS-Ⅰ型清洗剂,用量为 75 g/L 时,除油效率最好,达 95.1％。大庆设计院对反冲洗参数优化试验表明,反冲洗强度为 7 L/s·m²,时间为 30 min 时,效果最好。

八、水质处理剂

采出水处理系统采用水质处理剂的主要目的:控制系统腐蚀,延缓系统使用寿命;阻止结垢;提高系统处理效率;避免处理合格后水质受到二次污染。常用的化学药剂有:絮凝剂、浮选剂、缓蚀剂、阻垢剂、杀菌剂等。

1. 絮凝剂

去除采出水中的悬浮物和乳化油,最常用而有效的方法是化学混凝处理。添加絮凝剂、助凝剂能够压缩胶体双电层,中和水中胶体颗粒电荷,高分子物质在这里起了胶粒与胶粒之间相互结合的吸附架桥作用,使水中悬浮物聚结成较大的絮团后上浮或下沉。常用的絮凝剂可分为无机、有机、微生物及复合四大类。此处,重点介绍前三者。

(1)无机类絮凝剂

无机类絮凝剂分为铁盐系和铝盐系,如聚合硫酸铁、聚合氯化铝、硫酸铝。该类絮凝剂使用范围广(pH 值在 3～9 之间),对水中胶体电荷中和能力强。

(2)有机类絮凝剂

有机类絮凝剂是水溶性的,分为合成高分子絮凝剂和天然高分子絮凝剂两大类。

合成高分子絮凝剂主要有阴离子型的部分水解聚丙烯酰胺、阳离子型的胺甲基化聚丙烯酰胺等。阳离子型絮凝剂对采出水中呈负电性的微粒和乳化油具有良好的吸附作用。

天然高分子絮凝剂主要有淀粉类、蛋白质类、壳聚糖类等。天然高分子絮凝剂由于易发生生物降解失去活性,应用受到一定限制。

(3)微生物类絮凝剂

微生物类絮凝剂是一种无毒的生物高分子化合物,具有生物可降解的优点,对环境和人体无毒无害。这种絮凝剂主要是具有两性多聚电解质特性的蛋白质和多粉类物质。

2. 杀菌剂

能杀死或抑制各种微生物的化学剂统称杀菌剂。其作用机理主要是:阻碍菌体的呼吸作用、抑制蛋白质的合成、破坏细胞壁、阻碍核酸的合成等。

其种类较多,按化学成分可分为无机类(氯、溴、二氧化氯、次氯酸钠、重金属盐类等)和有机类(氯酚类、氯胺、大蒜素、季铵盐等);按杀菌机理可分为氧化型(氯、溴、二氧化氯、次氯酸钠、三氯异三聚氰酸等)和非氧化型(氯酚及其衍生物、季铵盐类等)。

3.阻垢剂

能阻止水垢的形成、沉积,使其在水中呈分散状态而不沉积于构筑物表面的化学剂称阻垢剂。阻垢剂分为无机和有机两类,常用的有:有机磷酸、磷基聚羧酸、磷酸酯、聚羧酸、聚磷酸盐及天然分散剂。一般用量为 5～10 mg/L。

4.缓蚀剂

缓蚀剂是指用量极少,却能在腐蚀环境中有效抑制金属腐蚀的化学药剂。其工作机理主要是在金属表面成膜,或与水中的腐蚀产物、阴极反应产物等生成沉淀,又或者能将水中的溶解氧除去。缓蚀剂按化学成分可分为无机类和有机类。

油田采出水系统中常用的都是有机类缓蚀剂,主要有有机胺、酰胺及咪唑啉衍生物等三大类,一般用量为 20～40 mg/L。

九、污油回收

(一)污油收集流程

采出水处理系统污油主要存在于沉降除油罐罐顶,罐内顶部积油厚度不应超过 0.8 m。目前广泛应用的是以下两种污油收集技术。

1.连续溢流堰收油

除油罐顶部依托管壁均匀布置污油溢流堰集油槽,由于密度差,采出水进入除油罐后污油上浮,形成油层,连续溢流进入集油槽,罐内收油环管汇集后自流出除油罐,进入污油收油罐。连续溢流堰收油示意图如图 5-6 所示。

图 5-6　除油罐连续溢流堰收油示意图

2.浮动式收油装置

由于灌顶集油槽为固定式,收油高度固定,因此除油罐工作时,只有当油面高于收油槽时方可收取,低于收油槽时,油无法回收,即收油槽以下油品无法收净,尤其是在油层和水层交界界面,存在一定厚度的乳化层。长期无法回收将导致乳化层板结,若无法排出,则罐内水质会恶性循环,此外,固定集油槽以下的污油将随水相一并排出或聚积在罐内无法排出,这些均给采出水处理造成了很大困难。

浮动收油装置采用流体力学及液体涡旋原理设计,结构形式为新型摆线式移动输油结构,安装于大型储罐或容器内底部,主要用于输送及筛选混合介质。该装置具有自动运转功能,在储罐内部可自行运转。浮动收油装置示意图如图5-7所示。

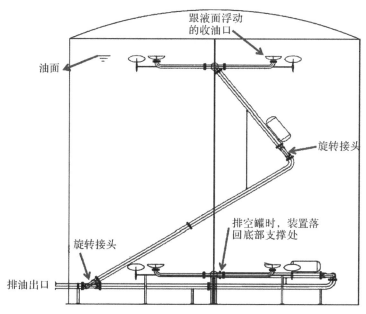

图5-7　浮动收油装置示意图

浮动收油装置包括:①收油喇叭口;②回转机构:椭圆式非金属轴承无润滑回转机构1套,T形非金属轴承无润滑回转机构;③输油管;④浮球:多仓室机构,充惰性气体;⑤扶正导向支撑(保证不与除油罐内构件发生碰撞);⑥平衡式水封机构。

(二)污油储存及回收流程

1.污油储存及回收装置

此装置包括:收油罐、污油泵橇、电控柜等。污油回收流程如图5-8所示。收油罐如图5-9(a)所示。污油泵橇如图5-9(b)所示。

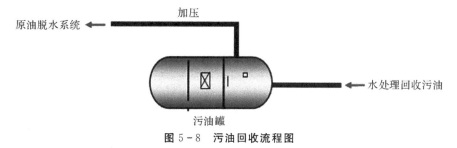

图5-8　污油回收流程图

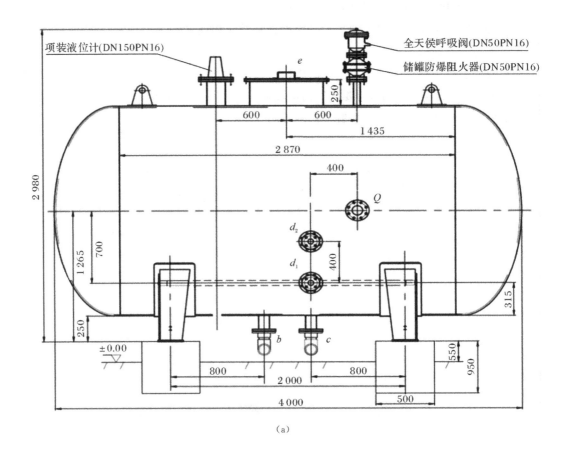

（a）

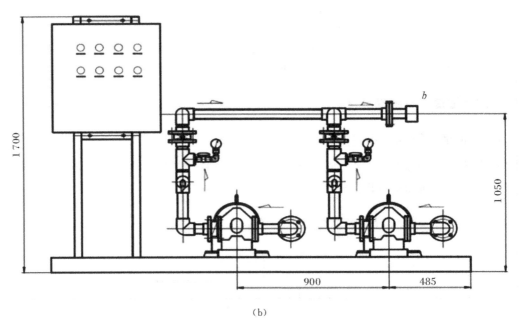

（b）

图 5-9　收油罐和污油泵橇

2. 有效容积

$$W = \frac{Q(C_1 - C_2)t \times 10^{-6}}{24(1-\eta)}\rho_0 \qquad (5-19)$$

式中　W——收油罐有效容积，m^3；

　　Q——处理站设计规模，m^3/d；

　　C_1——原水的含油量，mg/L；

　　C_2——净化水的含油量，mg/L；

　　t——储存时间，h；

　　η——污油含水率，除油罐、沉降罐或其他油水分离构筑物间歇收油时按 $40\% \sim 70\%$ 计，沉降罐或其他油水分离构筑物连续收油时按 $80\% \sim 95\%$ 计；

　　ρ_0——原油密度，t/m^3。

3. 收油罐加热所需热量

收油罐宜保温，罐内宜设加热设施，罐底排水管宜设排水看窗。所需热量按下式确定：

$$Q = KF(t_y - t_i) \qquad (5-20)$$

式中　Q——罐中污油加热所需热量，W；

　　F——罐的总表面积，m^2；

　　t_y——罐内介质的平均温度，$℃$；

　　t_i——罐周围介质的温度，$℃$，可取当地最冷月平均温度；

　　K——罐总散热系数，$W/(m^2 \cdot ℃)$。

第二节　污泥减量化

油田采出水处理过程中产生的含油污泥主要是调储装置、沉降装置、过滤装置和回收水系统排放出的污泥，以及人工清除罐底、池底污泥。其主要成分为从油层中带出的泥砂、石油类、各种盐类、腐蚀产物、有机物和微生物。采出水水质、处理工艺和所采用的化学剂对污泥的物理化学性质影响较大，污泥含水率达 99%，其流动性能相对较好，固体颗粒极细，为呈胶状结构的亲水性黏稠液体，沉降性能稍差。含油污泥是一种由有机残片、细菌菌体、无机颗粒、胶体等组成的极其复杂的非均质体。污泥量通常占污水量的 $0.3\% \sim 0.5\%$（体积比）或者约为采出水处理量的 $1\% \sim 2\%$（质量比）。有些区块钻井压裂液（该压裂液具有耐高温、抗剪切及有利于携砂等性能）不能及时排出，而进入采出水处理单元，压裂液包裹污泥，呈胶状，不易沉淀，且常规的污泥干化池表面油膜阻碍蒸发，使污泥自然干化速度极其缓慢，成为污泥处理的瓶颈。长庆油田近年来油泥产生量见表 5-9。

表 5-9　长庆油田历年油泥产生量统计表

年份（年）	2017	2018	2019	2020
油泥产生量/t	158 103	160 234	159 360	159 090

体量巨大的含油污泥,不仅对油田安全生产造成极大的压力,同时是油区周边的生态环境的巨大生态隐患。实现含油污泥的减量化、资源化、无害化处理是当前的主要工作。

一、污泥的特性及性质指标

(一)污泥的特性

1)污泥的含水状况:污泥水分组成如图 5-10 所示。所含水分大致分为三种形式:颗粒间的空隙水约占总水分的 70%;毛细水,即颗粒间毛细管内的水约占 20%;污泥颗粒表面吸附水和颗粒内部水约占 10%。

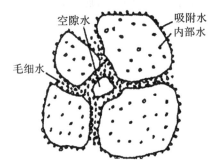

图 5-10   污泥水分示意图

2)污泥中含有大量可燃成分,据中原油田对濮一污水站污泥分析,可燃成分占干污泥的 60%~70%,平均发热量约为 27 MJ/kg,可燃烧成分见表 5-10。

表 5-10   可燃物成分一览表

名称	含量/%	名称	含量/%
C	40.68	S	0.60
H	6.67	O_2	27.46
N	0.26		

3)含油污泥中含有大量的原油、悬浮杂质等有害物质,并含有砷、汞等有毒物质,其浓度许多超过了排放标准,直接排放会造成环境的严重污染。

(二)性质指标

1. 含水率

污泥中所含水分的质量与污泥质量之比称为污水含水率。污泥含水率一般都很高,其密度接近于水。污泥含水率对污泥特性影响巨大。同一油区、不同区块含水率不同。污泥的体积、质量及所含固体物浓度之间的关系如下:

$$V_1/V_2 = W_1/W_2 = 100 - P_2/(100 - P_1) = C_2/C_1 \tag{5-21}$$

式中 V_1、W_1、C_1——污泥含水率为 P_1(%)时的污泥体积、质量与固体物浓度;

V_2、W_2、C_2——污泥含水率为 P_2(%)时的污泥体积、质量与固体物浓度。

由式(5-21)可知,当污泥含水率由99%降到98%,或由98%降到96%,或由97%降到94%时,污泥体积均能减少一半。

不同含水率下污泥状态见表5-11。

表5-11　污泥含水率及其状态

含水率	污泥状态
90%以上	几乎为液体
80%~90%	粥状物
70%~80%	柔软状
60%~70%	几乎为固体
50%	黏土状

2. 挥发性固体含量和灰分

挥发性固体含量近似等于有机物含量,灰分表示无机物含量。

3. 相对密度

污泥的相对密度等于污泥质量与同体积的水质量之比值。由于水的相对密度为1,所以污泥的相对密度 γ 计算公式如下:

$$\gamma = P + (100 - P)/P + (100 - P)/\gamma_s = 100\gamma_s / P\gamma_s + (100 - P) \tag{5-22}$$

式中　γ——污泥的相对密度;

$\quad\quad P$——污泥含水率,%;

$\quad\quad \gamma_s$——污泥中干固体的平均相对密度。

干固体包括有机物和无机物两部分,其中有机物所占百分比以 P_v 表示。则污泥的相对密度计算如下:

$$\gamma = 25\,000/250P + (100 - P)(100 + 1.5P_v) \tag{5-23}$$

二、污泥减量工艺流程

长庆工程设计有限公司经过多种工艺比选及试验,最终选择了以叠螺脱水机为主体的挤压式污泥脱水并开发了"橇装挤压式污泥脱水设备",取得了长足的进展。

(一)物料来源及主要指标

污泥减量处理的含油污泥主要来源于采出水处理系统的沉降除油罐通过负压排泥产生的污泥、生化反应池排出的剩余污泥和精细过滤器反洗排泥产生的污泥。

进口物料指标:含水率90%~99%。

出口物料指标:含水率80%~85%。

(二)工艺流程

沉降除油罐、生化反应池、精细过滤器等处理单元产生的含油污泥经站内污泥池沉淀后进入本装置。

当含油污泥含水率为95％～99％时,污泥池来泥经提升并加入助凝剂、混凝剂后进入装置内液固分离微旋流器,进行液固初分离;初分离后的含油污泥通过提升泵提升进入污泥搅拌箱,在进入搅拌箱之前加入助凝剂、混凝剂,在污泥搅拌箱内进行污泥与药剂的反应和混合调质;调质后的污泥自流进入螺旋固液分离机,进行污泥减量化处置;分离出的滤液进入采出水处理系统进行处理,脱水后的含油污泥被装袋或装车运至油泥处理站进行集中处置。

当含油污泥含水率为90％～95％时,污泥池来泥经提升后直接进入螺旋固液分离机污泥搅拌箱,在进入搅拌箱之前加入助凝剂、混凝剂,在污泥搅拌箱内进行污泥与药剂的反应和混合调质;调质后的污泥自流进入螺旋固液分离机,进行污泥减量化处置;分离出的滤液进入采出水处理系统进行处理,脱水后的含油污泥被装袋或装车运至油泥处理站进行集中处置。

污泥减量化处置工艺流程如图5-11所示。污泥减量化装置如图5-12所示。

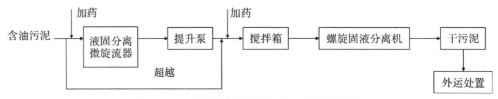

图5-11 污泥减量处置装置工艺流程简图

图5-12 污泥减量化装置

第三节　非金属管材

长庆油田目前采出水处理主要应用的非金属管材为四种:高压玻璃纤维管线管(简称“高压玻璃钢管”)、热塑性塑料内衬玻璃钢复合管(塑料合金防腐蚀复合管,简称“塑料合金管”)、柔性复合高压输送管(简称“柔性复合管”)、工业用氯化聚氯乙烯管(简称“PVC-C管”)。前三种主要应用于站外采出水管道,PVC-C管主要应用于站内采出水管道。

一、分类

(一)高压玻璃纤维管线管

高压玻璃纤维管线管以无碱增强纤维为增强材料、以环氧树脂和固化剂为基质,经过连续缠绕成型、固化而成。高压玻璃钢管是一种增强热固性非金属管,根据所采用的树脂种类,主要分为酸酐固化玻璃钢管和芳胺固化玻璃钢管两种。高压玻璃钢管加工如图5-13所示。

图5-13 高压玻璃钢管加工图

高压玻璃钢管具有以下特点:

1)耐腐蚀性能好。由于玻璃钢的主要原材料由高分子成分的不饱和聚脂树脂和玻璃纤维组成,能有效抵抗酸、碱、盐等介质的腐蚀和腐蚀性土壤及众多化学液体的侵蚀,在一般情况下,能够长期保持管道的安全运行。

2)内表光滑,流体阻力小,水力条件好,内壁光滑、输送能力强。

3)抗老化性能和耐温性能好。高压玻璃钢管可在-40~70℃温度范围内长期使用,在-20℃以下,管内结冰后不会发生冻裂。

4)抗冲击性能差。

5)接头性能较弱。

6)属于硬管,地形起伏大时接头与管体易发生剪切破坏。

(二)热塑性塑料内衬玻璃钢复合管(塑料合金防腐蚀复合管)

热塑性塑料内衬玻璃钢复合管以内管(聚乙烯、增强聚乙烯塑料或多种塑料合金)为基体,外管采用无碱增强纤维和环氧树脂连续缠绕成型。塑料合金防腐蚀复合管的基体是热塑性塑料管,增强层为玻璃纤维和热固性树脂,是一种增强热固性非金属管。该种非金属管样品及专用管箍如图 5-14 所示。

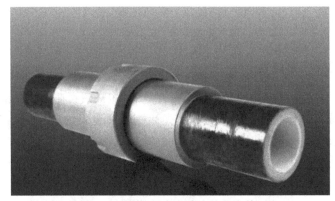

图 5-14　塑料合金防腐蚀复合管

塑料合金防腐蚀复合管具有以下持点：

1)耐腐蚀、内表光滑；

2)抗冲击性、气密性优于高压玻璃钢管；

3)耐温性能受内衬性能局限,通常低于 65℃；

4)接头为金属材料,需外防腐或设不锈钢接头；

5)属于硬管(rigid stick),地形起伏大时接头与管体易发生剪切破坏。

(三)柔性复合高压输送管

柔性复合高压输送管以内管(热塑性塑料管)为基体,通过缠绕聚酯纤维或钢丝等材料增强,并外加热塑性材料保护层复合而成。柔性复合管是一种柔性的增强热塑性非金属管。该管样品及专用管接头如图 5-15 所示。

图 5-15　柔性复合管

柔性复合管具有以下特点：

1)连续成型,单根可达数百米,接头少；

2)柔性好,盘卷供货,运输方便；

3)安装简单、快速；

4）耐温性能好的产品价格较高；

5）口径较小，通常低于 150mm。

（四）工业用氯化聚氯乙烯管

工业用氯化聚氯乙烯管是以氯化聚氯乙烯 PVC-C 树脂为母料，加入抗冲剂、稳定剂等辅料经高速挤出而成的适合于工业应用的新型管材，采用专用黏结剂承插黏结，安装需采用专用清洁剂和黏结剂，DN150 以上（含 DN150）管线连接需借助外力或拉力器。自 2008 年以来 PVC-C 管在长庆油田广泛用于站内低压采出水管道。PVC-C 管使用温度为 0～55℃，压力等级≤1.6MPa，具有优越的耐腐蚀性、耐热性、可溶性、阻燃性、机械强度高等特点。该管及配套管件如图 5-16 所示。

图 5-16　PVC-C 管及管件

PVC-C 管具有以下特点：

1）机械强度：与一般常用塑胶，如 ABS、PVC、PE、PE-X、PP、PPH、PPR、PB、PVDF 等，相比是最高的，塑料管路对于钢制阀门或者大型管件的承托能力有限，会造成接口断裂或漏损。PVC-C 管较强的机械性能弥补了这一缺陷。

2）耐温性能：PVC-C 管耐热性能优异，持续操作温度最大为 93℃，而其他塑料管材在 80℃左右就会出现接口泄露、强度降低等现象。采出水处理系统原水来自上游脱水系统，温度在 40℃左右。

3）耐腐蚀性：对大部分的无机酸、碱、盐和高相对分子质量脂肪烃碳氢化合物呈惰性反应，并且对强氧化物及卤素（Cl^- 等）有良好的阻抗。由于采出水中的高氯离子含量，金属管线腐蚀严重，而 PVC-C 管对卤素的高阻抗性决定了其优越的抗腐蚀能力，管材出厂后也不用做防腐处理。

4）持压耐久性：美国诺誉化工管路系统实验室于 1962 年所进行的管路持压测试至今仍未发生功能性失败，尚维持 750 psi[①] 的压力，足见 PV-C 材料的强韧与耐久性。

5）阻燃性好，热损低，对强氧化物有良好的阻抗力。

6）内壁光滑，不易结垢。

7）施工及维修要求较高，黏结时间与环境温度及湿度有关，温度低时黏结凝固时间较长。

---

① 1 psi＝6.89 kPa。

二、工艺计算

(一)高压玻璃钢管

管道水力计算按照下式计算：

$$\Delta p = \frac{0.225\rho fLq^2}{d^5}p \tag{5-24}$$

式中有关参数计算方法分别为

$$f = a + bR^{-c} \tag{5-25}$$

$$Re = \frac{21.22q\rho}{\mu d} \tag{5-26}$$

$$a = 0.094K^{0.255} + 0.53K \tag{5-27}$$

$$B = 88K^{0.44} \tag{5-28}$$

$$c = 1.62K^{-0.134} \tag{5-29}$$

$$K = \frac{\varepsilon}{d} \tag{5-30}$$

式中　　p——管道内水的压力，MPa；

Δp——压降，MPa；

ρ——密度，kg/m³；

f——摩擦因数；

L——管道长度，m；

q——流量，L/min；

d——管道内径，mm；

a——系数；

b——系数；

c——系数；

Re——雷诺数，适用条件为雷诺数大于 10 000 且 $1 \times 10^{-5} < \varepsilon/d < 0.04$；

μ——动力黏度，mPa·s；

K——相对光滑度；

ε——绝对光滑度，mm，取 0.005 3 mm。

高压玻璃钢管件的压降按其当量长度计算，不同管件的当量长度见表 5-12。

表 5-12　常用高压玻璃钢管件的当量长度

单位：m

管件名称	管件直径				
	DN40	DN50	DN65	DN80	DN100
90°弯头	1.8	2.4	3	3.7	4.5

续 表

管件名称	管件直径				
	DN40	DN50	DN65	DN80	DN100
45°弯头	0.9	1.2	1.5	1.8	2.4
三通-直线流向	0.3	0.6	0.6	0.6	0.9
三通-分支流向	3	3.7	4.9	5.8	8.3
异径接头	0.3	0.3	0.6	0.6	0.9

注:异径接头所列数值是相对小头管径的当量长度。

(二)塑料合金管、柔性复合管

管道压降应按下式计算:

$$i = 0.000\,915\,\frac{Q^{1.774}}{d_{\mathrm{j}}^{4.774}} \tag{5-31}$$

式中　　i——水力坡降;

Q——计算流量,$\mathrm{m^3/s}$;

d_{j}——管道计算内径,m;

(三)PVC-C 管

管道压降应按下式计算:

$$f = 6\,485 \times \left(\frac{100}{C}\right)^{1.852} \times g^{1.852} \div d^{4.865\,5} \tag{5-32}$$

式中　　f——每 100 m 管道压力对水摩擦损失,bar,1 bar $= 10^5$ Pa;

C——管道壁面粗糙常数,对 PVC-C 取 150;

g——流量,$\mathrm{cm^3/s}$;

d——管内径,mm。

(四)非金属管道输送聚合物水溶液时

当非金属管道输送聚合物水溶液时,管输压降按照《注水工程设计规范》(GB 50391—2014)中的有关规定,采用下式计算:

$$\Delta p = 4LK\left(\frac{3n+1}{4n}\right)^n \frac{32Q_{\mathrm{v}}}{\pi^n D^{3n+1}} \tag{5-33}$$

式中:　Δp——水力坡降,Pa;

L——管线长度,m;

K——聚合物水溶液稠度系数,Pa·s;

Q_{v}——流量,$\mathrm{m^3/s}$;

n——流变行为指数;

D——管线内径,m。

K 值与 n 值因聚合物水溶液性质的变化而不同,可经仪器测出。

三、供货要求

(一)高压玻璃钢管、塑料合金管和 PVC-C 管

1. 运输

1)管子可采用散装、整捆或集装箱运输。散装运输时,层与层之间应用不小于 4 道的横木或橡胶条均匀隔开,并且横木或橡胶条垂直于管子轴向。最底层横木截面尺寸应不小于 50 mm×100 mm,中间两道横木应加垫木托板。每层管在摆放时,管与管之间应相互错开。运输时,宜用尼龙绳或麻绳捆绑牢固,不应使用钢丝绳等金属绳索,管子不宜悬在车外。

2)整捆的管子宜采用叉车或吊车装卸。叉车装卸时,应避免叉子直接接触玻璃钢管;吊车装卸时,宜采用软吊装带,吊装带应吊在包装板上,两点起吊。

3)管子在运输及装卸过程中,不得划伤、抛摔、剧烈地撞击、曝晒。

2. 存放

1)整捆存放时,上一捆管子的包装木板应压在下一捆管子的包装木板上,存放高度不应超过 3 捆。

2)散管存放时,管子应存放在平地或管架上。平地存放时,管子下和每层管子间均应先沿管子长度方向上均匀铺垫不少于 4 道 50 mm×100 mm 的横木,靠边的管子宜用木方定位。管子及其铺垫材料的最高堆放高度不宜超过 2 m。

(二)柔性复合管

1. 运输

1)复合管应平放或盘卷平放,对放高度不应超过 3.0 m。不允许将复合管卷盘悬挂在一个固定物上。

2)搬运时要将包装上的抓条带同时提起,保持复合管基本平直。采用机械、吊环或钢丝绳束吊装复合管时,要防止其对复合管外造成损伤。

2. 存放

产品在贮存过程中,应当平放;如果要进行堆叠,堆叠的高度应控制在 3.5～4 m 的范围内。

四、技术准入检验与质量验收

(一)技术准入检验

技术准入检验是对进入油气田市场的非金属管道进行的综合检验,目的是检验非金属管

道是否满足油田安全生产的要求,技术准入检验由技术主管部门实施。

(二)质量验收

1)质量验收是对用户订购的非金属管道进行产品质量的抽检,目的是检查产品的关键技术指标是否达到有关规定的要求。质量检验由专业部门负责,检验方法按相应产品制造或检验标准执行。

2)接收非金属管及管件时必须进行验收。管及管件应具有制造厂的合格证和质量证明书,其质量不得低于国家现行标准的规定。验收内容包括产品合格证、质量保证书、各项性能检验报告、规格数量等有关材料。

3)非金属管及管件的材质、规格、型号、质量应符合设计文件的规定。

4)非金属管及管件在施工过程中应妥善保管,不得混淆或损坏,其色标或标记应明显清晰。暂时不安装的管材,管口应封闭。

5)不同非金属管材验收均参照相关国家、行业标准规范执行。

五、管道安装

(一)高压玻璃钢管

1)高压玻璃钢管宜采用沟上连接然后下沟的方式。连接前,管子应按内螺纹端朝向介质源的方向依次排在管沟不堆土的一侧。

2)卸下螺纹保护器后应检查内、外螺纹。当螺纹有损坏时,应修复或更换管子(管件)。当螺纹表面有油渍或异物时,应用清洗剂清洗干净,且应等清洗剂完全挥发之后再进行下一步操作。

3)应用毛刷在内、外螺纹上均匀涂抹生产厂家提供的螺纹密封脂。

4)管道的内、外螺纹应对直、对正,用手上 3～5 扣,应使螺纹啮合正确,用带钳、摩擦钳等专用工具,按产品安装说明拧紧螺纹,施加扭矩应均匀。

5)带钳或摩擦钳所卡的位置应在距管端部 100～300 mm 处的管体加厚端上。

6)玻璃纤维管与钢管连接时,钢管长度不得小于 2 m,固定锚块应安装在距玻璃钢管道 1 m 以外,且安装在靠接头处的钢管一侧,安装时钢管与玻璃钢管道保持水平,不允许有落差。不用钢短接的外螺纹与玻璃纤维内螺纹直接连接。

(二)塑料合金管

1)塑料合金管宜采用沟下安装的方式,因条件限制,确实无法在沟下安装,且经管道生产厂家同意的,也可采取沟上安装。

2)安装前,要清除沟内塌方、石块,有积水时必须用水泵或者人力排出。

3)将管子两端保护套取掉,检查管接头各部位及丝扣上是否干净,如有泥土附着,应用钢丝刷及毛刷清理干净。检查翻边平面是否平整,如有损伤,应更换管材。

4) 管线连接前需将管线接头密封面擦拭干净, 然后放入密封垫, 用手压实、压平。

5) 使管接头两端的止口紧密咬合, 并能够压实压平密封垫。两止口咬合时, 两根管子的高度应保持一致, 管接头端面保持平行, 然后用手旋入螺母至不能转动为止。

6) 用扳手扭紧螺母, 再用 1 m 长加力套管扭转 120°~180°转角; 连接过程中应注意观察, 有异常时应卸开检查, 不能正确连接时应更换新管。

(三) 柔性复合管

1) 将管线运输至施工现场, 平放在施工架上, 拆解包装后, 检查管体和管接头各部位及丝扣, 如果存在影响施工质量的严重损伤, 应更换管材。

2) 柔性复合管宜采用沟下安装的方式。管线下沟时, 转动施工架, 由人力或牵引设备将管线释放开, 逐渐将管线下沟。下沟时应注意管子两端的接头与相邻管子接头配对。

3) 管线连接前需将管线接头密封面擦拭干净, 然后放入密封垫, 用手压实压平。

4) 将外丝口接头和螺母接头连接上, 选择管钳或活动扳手拧紧即可。

(四) PVC-C 管

1. 切割

可以直接用轮形塑胶管切割器、电锯, 或齿轮完好的塑料管专用锯子等简单工具轻松切割。在切割时尽量确保切割面平整且与管轴呈垂直, 以获得最大黏合面积 (强度)。

2. 去毛边

利用倒角工具或锉刀将管内外的毛边和锉屑清除干净, 并施以适当倒角以使管口易于进入套节, 可有效减少误碰配件上溶剂黏胶的机会。

3. 配件准备

用干净的干布擦掉管及配件结合面上的灰尘和水分, 并检查与配件的试接合情形, 此时管应能轻易进入配件套节 1/2~2/3 深。若可直接插入底部, 应检查管或配件的尺寸是否符合规格要求。

4. 涂抹清洁剂

管与配件套节胶合的结合面须先使用清洁剂 (预黏剂) 来渗透软化, 以增进黏结效果, 使用大约管直径一半大小的涂抹工具或毛刷 (建议勿用破布) 将清洁剂 (预黏剂) 均匀涂在管端及配件套节接合面。大尺寸管件接合或必要时宜增加涂抹次数及涂抹量, 以确保表面的软化效果。

5. 涂抹溶剂黏剂

溶剂黏胶必须在管表面的清洁剂 (预黏剂) 作用完毕后涂上, 结合表面必须被浸透软化, 黏胶应以管直径一般大小的涂抹工具或天然鬃刷。管末端外面应涂厚层黏胶, 配件套节骨面应涂中等厚度黏胶。大于 DN20 的管应在其末端涂上第二层较厚黏胶或增加相对涂抹次数。

6. 组合

涂完黏胶后, 应立刻将管插入配件套节并旋转 1/4~1/2 圈, 管端必须和配件套节底部接触。接合处应施压固定维持 10～15 s 以确保初步接合。DN150 mm 以上管件之接合,需要 2 人合作紧握接合约 1～3 min。管和配件套节口周围黏胶溢出应很明显。如果套节口周围的溢出黏胶不连续,表示所涂抹的黏胶不足。建议应将接合处连同配件切除,重新施工。过量溢出的黏胶可利用破布擦去。

7. 接合处固化及试验

根据实际管路及施工状况,依照接合处最初静置及固化时间表(见表 5 - 13 和表 5 - 14)及系统试压操作说明进行。

表 5 - 13　接合处黏胶最初静置时间表

温度范围	DN15～DN32	DN40～DN50	DN65～DN200	DN250～DN400	DN450～DN600
16～38℃	2 min	5 min	30 min	2 h	4 h
5～16℃	5 min	10 min	2 h	8 h	16 h
−18～5℃	10 min	15 min	12 h	24 h	48 h

注:最初静置时间是指黏结后的管道可以小心移动(处理下一接口)所必须的时间。

表 5 - 14　接合处黏胶固化时间表

湿度 60% ↓	DN15～DN32		DN40～DN50		DN65～DN200		DN250～DN400	DN450～DN600
安装及固化温度范围	1.12 ↓ MPa	1.12～2.6 MPa	1.12 ↓ MPa	1.12～2.2 MPa	1.12 ↓ MPa	1.12～2.2 MPa	0.7 ↓ MPa	0.7 ↓ MPa
16～38℃	15 min	6 h	30 min	12 h	1.5 h	24 h	48 h	72 h
5～16℃	20 min	12 h	45 min	24 h	4 h	48 h	96 h	6 d
−18～5℃	30 min	48 h	1 h	96 h	72 h	8 d	8 d	14 d

注:接合处固化时间是指整个管道系统加压前所必须的固化时间,如果在潮湿的天气下则须延长 50% 固化时间。

第六章　关键设备及一体化装置

第一节　涡凹气浮系统

一、基本原理

利用高速旋转叶轮所造成的负压将气体吸入,同时吸入的气体被旋转的叶轮所击碎,继而被大量的小股旋流卷入进一步扩散于水中。涡凹曝气机的叶轮高速切割水体,在无压体系中自然释放,使水中产生微细气泡。气泡直径大,适用于气浮预处理。为增强效果也可同时投加絮凝和助凝药剂,使污水中的乳化油和悬浮颗粒黏附在气泡上,上浮去除。

涡凹气浮系统是为去除工业和城市污水的油脂、胶状物以及固体悬浮物而专门设计的系统。系统能从废水中自动地分离出这些物质并使它们适合于分别处理。

涡凹气浮系统是根据污水处理的需要而特别设计的。它不仅效率高、设备简单,而且操作和维修都非常容易,特别适合中国国情,是工业和市政进行污水处理的极佳选择,在国内已有广泛的应用。

涡凹气浮系统的基本原理本身就是一种创新。它独特的设计,巧妙地解决了过去固体气浮所遇到的技术和经济上的难题。涡凹气浮系统不是溶气气浮(Dissolved Air Float,DAF),所以不会遇到与溶气气浮相关的问题。另外,在当今所有气浮技术中,无论是从投资成本还是运行费用上看,涡凹气浮都是最经济的一种。

系统主要由曝气区、气浮区、回流系统、刮渣系统及排水系统等几部分组成。其工作原理为:首先加药混凝后的污水进入装有涡凹曝气机的曝气区,该区设有独特曝气机,其通过底部中空叶轮的快速旋转在水中形成一个真空区,水面上的空气或氮气通过中空管道抽送至水下,并被底部叶轮快速旋转产生的三股剪切力粉碎成微气泡,微气泡与污水中的固体污染物有机地结合在一起上升到液面。到达液面后固体污染物便依靠这些微气泡支撑并浮在水面上,此时通过刮渣机将浮渣刮入浮渣收集槽,净化后的水则经过溢流堰从排放口自流排放。此外,根据现场条件、水质情况及用户要求,设备可选用相应的防腐材料制造,增设泥斗(当废水中含较多不易上浮的杂质时)、盖板(当废水中含恶臭或含有影响环境的挥发性物质时)等配件。

二、系统特点

(一)配套设备少

系统无需循环泵、空压机、压力容器、(易堵的)释放器、空气控制仪表和阀门,管路简单。

(二)能耗非常低

由于系统配套设备较少,因此能耗非常低,且水量越大,节能优势越明显。

(三)操作简单,抗冲击负荷能力强

在运行过程中几乎不需要调节,废水越复杂、水中污染物浓度越高,则处理效率越高,特别适于处理高负荷、高污染的废水。

(四)维护很方便

由于系统配套设备较少,特别是没有容易堵塞的释放器、复杂的仪表阀门、高压压力容器等设备,维护起来非常方便。

(五)占地面积小

系统运行中,气泡上升速度较快、表面负荷较大,且配套设备少,因而占地面积很小。

三、关键设备

由前述内容可知,涡凹气浮系统的工作原理为:采出水进入装有涡凹曝气机的曝气区,曝气机的中空叶轮快速旋转在水中形成了一个真空区,水面上的空气或氮气通过中空管道抽送至水下,并在叶轮快速旋转产生的三股剪切力下被粉碎成微气泡;微气泡与污水中的固体污染物有机地结合在一起上升到液面;最后通过刮渣机将浮渣刮入浮渣收集槽。其中的关键设备即为涡凹气浮机,如图 6-1 所示。涡凹机叶轮如图 6-2 所示。

图 6-1　涡凹气浮机

图 6-2　涡凹机叶轮部件

第二节　流砂过滤器

　　流砂过滤器是移动床向上流连续过滤器的简称。与以往的固定床过滤器不同,流砂过滤器无需每天停机 1~2 次,用大功率反冲洗水泵进行反冲洗,以清洗截留在滤床上的杂质。流沙过滤器过滤时,由高位水箱供应原水,逆向过滤,通过较厚的滤层来截留水中杂质,滤床稳定,过滤精度高。水从过滤器的底部环形配水管进入,经内部锥形引水道折流均匀向上进入滤床,水向上流动并充分、均匀地与滤料接触,原水中的悬浮物被截留在滤床上,清水由顶部的出水堰溢流排放。原水的种类及性质不同,过滤器用的砂滤料也有所不同。长庆油田目前应用较多的滤料为石英砂。

　　该装置滤层厚,采用反向浮动床过滤,滤料不会板结;连续过滤,不需停机反冲洗,截污量大,出水水质稳定;滤料连续再生,再生水量小且连续,辅助系统负荷小;滤料根据出水水质要求选择配置;设备电负荷及成本均较低。

　　在过滤的同时,截留污染物的石英砂通过底部的气提装置被提升到顶部的洗砂装置(三相分离器)中进行清洗。提砂所用的动力为压缩空气,压力一般为 0.5~0.7 MPa。由于水、砂子、压缩空气在提砂管内的剧烈摩擦作用,砂子截留的杂物被洗脱。洗净后的砂在洗砂器中因重力自上而下重新回到滤床中,洗砂水则通过单独的管路排放,完成整个连续循环洗砂和过滤过程。

　　被悬浮物污染的滤料,通过锥形的砂分配器下落到集砂箱,再由提砂器输送到上部三相分离器中清洗。干净滤料分布在滤床上部,清洗污水通过排水装置排出。清洗水的用量可通过排水装置的调节堰进行调节。流砂过滤器结构如图 6-3 所示。

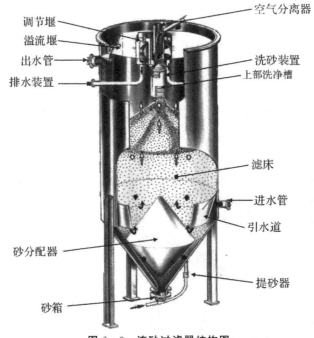

图 6-3　流砂过滤器结构图

第三节　除油罐负压排泥

除油罐是油田采出水处理中一级除油的关键设备,其运行效果对处理系统工艺的选择、处理效果产生直接影响。

除油罐罐底污泥主要成分为从油层中带出来的泥砂、石油类、各种盐类、腐蚀产物、有机物和微生物,具有黏度大、流动性差的特点。污泥量约占处理水量的 1% ~ 2%,含水率达 99%。能否彻底排除罐底污泥关系到除油罐的运行效果,若不彻底,会造成污泥在处理系统内堆积及出水水质变差。

一、常规排泥的特点

2010 年前,长庆油田采出水处理系统储罐排泥采用穿孔管排泥和人工排泥方式。

穿孔管排泥是长庆油田采用最早、最普遍的排泥技术。其工作原理为:利用罐体自身的静压水头,将罐底部污泥通过孔口压至排泥管内,实现自然排泥。此技术的优点是结构简单、重力静压排泥、造价低。但是罐内排泥动力小,污泥流动性差,排泥死角多,排泥不彻底,排泥效果差,排泥管容易堵塞,时间长罐底污泥易板结,更难排出。

人工排泥技术就是打开除油罐管壁人孔,完全利用人力进行排泥操作,人工排泥工作量大,成本很高,污染环境;污泥中含有大量砷、汞等有毒物质,对排泥工作人员身体健康和安全存在威胁;整个采出水处理系统停止运行时间长,严重影响生产。

二、水力负压排泥

本研究应用了除油罐水力负压排泥工艺。负压排泥技术是根据液体射流原理,利用外部助排泵产生的负压携带作用,将罐底污泥排出。该装置将由喷嘴、混合管、扩散管、集泥室、吸盘等组成。将排泥器安装在沉降罐底部,喷嘴与工作液管线相连接,扩散管与排泥管相连接。当助排液流体通过喷嘴时,产生高速射流,使集泥室内形成真空,罐底污泥被集泥室两侧下面的吸盘吸入,与高速射流在混合管中混合,随扩散管排出。助排液不断地供给,罐底污泥不断地被吸入、排出,达到抽吸排除污物的目的。负压排泥器如图 6 - 4 所示。负压排泥罐内安装平面如图 6 - 5 所示。

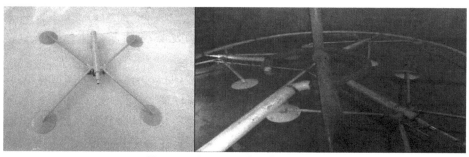

图 6 - 4　负压排泥器及罐内安装图

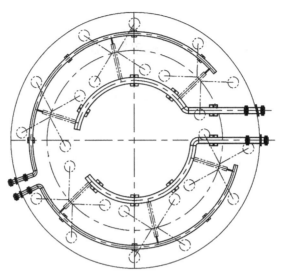

图 6-5 负压排泥器罐内安装平面(1 000m³ 除油罐)

第四节　污泥减量一体化集成装置

一、主要功能

沉降除油罐、生化反应池、精细过滤器等处理单元产生的含油污泥,进入污泥储罐,进行污泥预浓缩;浓缩后的含油污泥通过提升泵提升进入污泥搅拌箱,在进入搅拌箱之前加入絮凝剂、助凝剂,通过污泥搅拌箱进行污泥与药剂的反应和混合调质;调质后的污泥自流进入螺旋固液分离机进行污泥减量化处置;分离出的滤液进入采出水处理系统进行处理,脱水后的含油污泥通过装袋或装车运至油泥处理站进行集中处置。

二、主要设备

(一)螺杆泵

单螺杆泵于 1929 年由法国工程师莫诺(Moineau)发明,这种泵的工作是基于旋转部件(转子)与固定部件(定子)相啮合,符合几何学原理。

莫诺(Moineau)称他这个新发明为"Une Nouveau Capsulisme"(一种新型容积式泵)。国外称之为渐进式容积泵或偏心转子泵,国内称之为单螺杆泵。

单螺杆泵属于转子式容积泵,它是依靠螺杆与衬套的相互啮合在吸入腔和排出腔产生容积变化来输送液体的。它是一种内啮合的密闭式螺杆泵,主要工作部件为具有双头螺旋空腔的衬套(定子)和在定子腔内与其啮合的单头螺旋螺杆(转子)。当输入轴通过万向节驱动转子绕定子中心作行星回转时,定子-转子副就连续地啮合形成密封腔,这些密封腔容积不变,作匀速轴向运动,把输送介质从吸入端经定子-转子副输送至压出端,吸入密闭腔内的介质流过定子而不被搅动和破坏。

这种泵属于容积式泵类。其关键部件是一个旋转的转子和一个固定的定子。当转子在定子内部转动时,在定子和偏心旋转的转子之间形成密封腔。转子持续旋转,密封腔沿着轴方向移动。密封腔连续输送介质。以此种方式输送介质时不会产生剪切、挤压和脉动。

单螺杆泵的最大特点是对介质的适应性强、流量平稳、压力脉动小、自吸能力高。因此污泥减量化装置选择单螺杆泵作为含油污泥提升泵。

单螺杆泵如图 6-6 所示。单螺杆泵的工作特性曲线如图 6-7 所示。

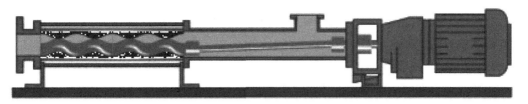

图 6-6　单螺杆泵图

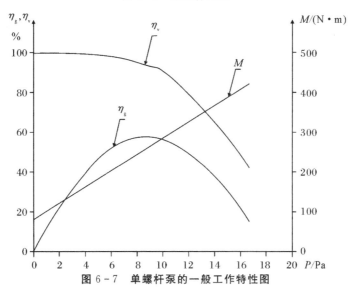

图 6-7　单螺杆泵的一般工作特性图

泵几何理论流量可以通过腔体容积计算,公式如下:

$$Q_{th} = \frac{240nD_r P_s e}{10^6} \tag{6-1}$$

式中　　Q_{th}—— 理论流量,L/h;

　　　　n—— 转速,r/min;

　　　　D_r—— 转子直径,mm;

　　　　P_s—— 定子导程,mm;

　　　　e—— 偏心率,mm。

泵工作部件转子和定子的密封性,不能只依靠型线设计与制造精度来实现,还要采用弹性材料制造定子,控制转子与定子的过盈量达到更加可靠的密封性,同时提高泵的容积效率。

单螺杆泵的实际流量受压力、转子(外形)和定子(内腔)过盈量、流体黏度、转速、定子溶胀和介质温度的影响。必需条件:有效汽蚀余量＞必需汽蚀余量。

为了增强泵在正常情况下的操作并阻止泵发生汽蚀余量,装置的有效汽蚀余量必须大于泵的必需汽蚀余量。

减少汽蚀余量的方法有:①增加吸入端管路直径来减小管路中的摩擦损失;②减少吸入端管路长度,同时减少阀门和弯头的数量也可以减小管路中的摩擦损失;③提高进口液位高度,避免泵在自吸条件下工作;④通过调整泵的转速来减小泵的必需汽蚀余量;⑤通过改变定子、转子的几何形状来改变泵的必须汽蚀余量。

单螺杆泵输送介质时转子转动及介质流向如图 6-8 所示。

从几何学上分析,单螺杆泵的定子导程是转子导程的 2 倍(见图 6-9)。单头螺旋面转子与双头内螺旋腔的定子相互啮合,形成一系列相等而且独立的密封腔。转子在定子内部旋转一圈,密封腔在定子内移动一个定子导程的长度,转子截面中心在定子横截面内移动转子偏心量的 4 倍距离。泵的横截面显示了这些参数的关系。

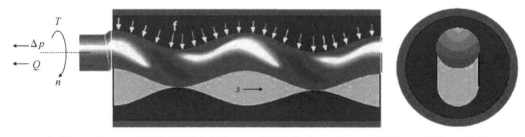

f—内摩擦;s—滑动;Q—实际流量或测定流量;Q_{th}—理论流量,$Q_{th}=Q+s$;Δp—压差;T—扭矩;n—转速

图 6-8　单螺杆泵转子转动及介质流向图

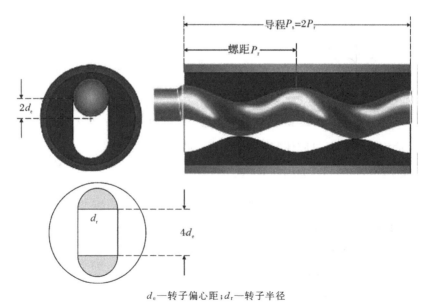

d_e—转子偏心距;d_r—转子半径

图 6-9　单螺杆泵定子及转子导程图

(二)液固分离微旋流器

液固分离微旋流器是依靠液固两相密度差,利用液体自身在微旋流芯管中的旋转运动产生的离心力场实现液固分离的设备。含油污泥在进入该设备前加入助凝剂、混凝剂。设备为立式锥底,进口含固量为 1% ~ 10%,出口含固量为 5% ~ 15%。该设备在装置中用于污泥初分离,分离后滤液溢流至污水池。

含有固体颗粒的混合液以一定的入口速度进入旋流器后,在旋流器内部旋转并以涡流的形式存在。旋流腔内的混合介质边旋转边向旋流器的锥段运动,运动路线呈螺旋形态。介质在进入圆锥段后,由于内径逐渐缩小,液体旋转速度逐步加快,在液体呈现涡流运动时,径向压力不等,旋流器边壁处的压力最高。由于旋流器的底流口径较小,液体无法全部从底流管排出,而旋流腔顶部有一溢流口,这样一部分净化后的液体向压力较低的中心处流动,呈螺旋状,边旋转边向溢流管处运动,即形成内旋流,最终从溢流口排出。同时,固体颗粒受到离心力作用,当该力大于颗粒所受的液体阻力时,固体颗粒向旋流器边壁移动,与液体分开,并随部分液体由底流口排出。

(三)螺旋固液分离机

1. 设备原理

螺旋固液分离机主体是由固定环和游动环相互层叠,螺旋轴贯穿其中形成的过滤装置,前段为浓缩部,后段为脱水部。

固定环和游动环之间的滤缝及螺旋轴的螺距从浓缩部到脱水部逐渐变小。螺旋轴的旋转在推动污泥从浓缩部输送到脱水部的同时,也不断带动游动环清扫滤缝,防止堵塞。

1)浓缩:当螺旋推动轴转动时,设在推动轴外围的多重固活叠片相对移动,在重力作用下,水从相对移动的叠片间隙中滤出,实现快速浓缩。

2)脱水:经过浓缩的污泥随着螺旋轴的转动不断往前移动;沿泥饼出口方向,螺旋轴的螺距逐渐变小,环与环之间的间隙也逐渐变小,螺旋腔的体积不断收缩;在出口处背压板的作用下,内压逐渐增强,在螺旋推动轴依次连续运转推动下,污泥中的水分受挤压排出,滤饼含固量不断升高,最终实现污泥的连续脱水。

3)自清洗:螺旋轴的旋转,推动游动环不断转动,设备依靠固定环和游动环之间的移动实现连续的自清洗过程,避免了传统脱水机普遍存在的堵塞问题。

4)絮凝调质槽:配套专用旋盘预浓缩装置,便于处理低浓度污泥。配套预浓缩装置,可根据进泥浓度调整,保证脱水效果。

特殊过滤筒体组成如图 6-10 所示。滤筒工作原理如图 6-11 所示。

图 6-10　垫片、固定环片和活动环片共同组成了特殊的过滤筒体

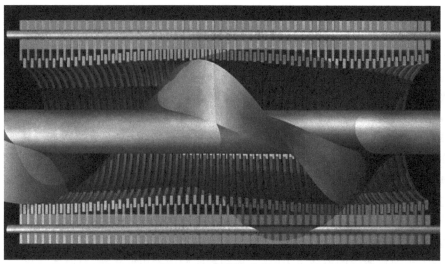

图 6-11　滤筒工作原理

2. 设计指标

污泥池来泥经提升并加入助凝剂、混凝剂后进入装置内液固分离微旋流器,进行液固初分离;初分离后的含油污泥通过提升泵提升进入污泥搅拌箱,在进入搅拌箱之前加入助凝剂、混凝剂,在污泥搅拌箱内进行污泥与药剂的反应和混合调质;调质后的污泥自流进入螺旋固液分离机进行污泥减量化处置;分离出的滤液进入采出水处理系统进行处理,脱水后的含油污泥通过装袋或装车运至油泥处理站进行集中的处置。处理后污泥含水率应不大于 80%。

3. 设备特性

(1)密闭设计

螺旋固液分离机的每个脱水单元均采用独立模块设计,每个模块使用完全密闭的不锈钢壳体进行单独密闭,杜绝污水的泄漏,防止异味散发。

螺旋固液分离机可配备废气收集口,便于用户将设备内部废气集中收集处理。设备密闭情况如图 6-12 所示。设备废气收集口位置如图 6-13 所示。

图 6-12　设备密闭情况

图 6-13　设备废气收集口位置

（2）污泥浓度自动调整

絮凝搅拌箱内设置磁电液位计，可输出 4～20 mA 的信号。根据设备出泥量恒定的原则，当污泥浓度提升时，搅拌箱内的液位将上升，此时设备自控系统会根据液位高度变化自动降低污泥进料泵频率，从而适当降低进料量。同理，当污泥浓度降低时，搅拌箱内的液位将降低，此时设备自控系统会根据液位高度变化，自动提高污泥进料泵频率，从而适当提高进料量以实现脱水机安全稳定连续的运行。磁电液位计安装位置示意如图 6-14 所示。

图 6-14　设备配备的磁电液位计（圈内所示）

（3）有效清洗措施

为确保过滤间隙具有持续的滤水功能，实现在线清洗，其喷淋系统采用大广角、高强力不锈钢喷头，喷淋区域覆盖整个环片范围，且对其进行彻底的清洗。目前此方法已在实际运行中有了很好的运用。

为避免水压、水量对清洗效果的影响，设备配备单个次序清洗功能，即 2 组模块单独清洗，确保水压高、水量足。

螺旋固液分离机每个脱水单元采用独立模块设计，每个模块使用完全密闭的不锈钢壳体进行单独密闭，具备停机注水浸泡和在线清洗功能，并扩大了上部开口，设置专用清洗水管，便于特殊情况下对内部进行人工冲洗。设备密闭清洗和分区喷淋冲洗如图 6-15 所示。

图 6 - 15　设备密闭清洗和分别喷淋冲洗应用实例

（4）可拆模块化设计功能

螺旋固液分离机每个脱水单元采用独立模块设计，且具有互换性，每个模块与底座之间采用螺旋固定，便于拆卸、维修和维护。

（5）药剂投加合理，降低运行费用设计

螺旋固液分离机具备污泥浓度自动调整功能，可以最大限度地保证进料绝干泥量的稳定，从而保证加药量的稳定，无需人工调节。

螺旋固液分离机配备独有的高效静态混合器，其内部分布 48 个布药口，既可保证药剂和污泥的充分接触，又可以保证污泥可以和药剂充分反应，避免出现泥包药和反应不充分的情况，以保证药剂发挥最大的效力。经长庆油田多年实践检验，其最高可减少 10%～20% 的药剂用量。

高效混合器原理如图 6 - 16 所示。高效混合器实物如图 6 - 17 所示。

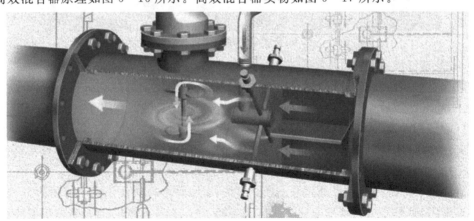

图 6 - 16　高效混合器原理图

图 6-17 高效混合器实物图片

4. 系统控制说明

装置具有自动诊断、工况优化、实时监测、故障预警、紧急切换等功能。处理工艺采用智能控制技术，并将配电、变频、仪表控制功能全部集成到 PLC 控制柜上。采用标准接口与上位机数据共享，即系统 PLC 模块预留 RS485 通信接口，处理系统自动监控与油田自动控制系统兼容，通过通信协议实现远程数据通信的自动监控与监视功能。同时在 PLC 故障下，可以实现现场手动操作，设备发生故障时报警，提醒工作人员及时处理等功能。

1）污泥提升泵控制：污泥提升泵采用变频控制，絮凝搅拌箱上配有磁浮子液位计，通过变频器的 PID 调节控制污泥提升泵，从而达到恒液位运行的目的。此外，其还具备手动/自动切换功能。

2）污泥絮凝搅拌装置电机控制：具备手动/自动切换功能。

3）喷淋系统控制：通过 PLC 逻辑控制，间歇喷淋，喷淋时间可在触摸屏上调节；具备手动/自动切换功能。

4）污泥固液分离装置控制：主轴电机采用变频调速，适应多种处理量需求；具备手动/自动切换功能。

5）转子泵控制：一备一用，通过变频器控制，达到恒液位运行的目的。此外，其还具备手动/自动切换功能。

6）应配套内部所有用电设备的继电保护。

7）脱水机主机的变频器由卖方供货，安装在电控柜内。

8）变频控制脱水机主机。

9）控制反应槽絮凝搅拌机。

10）脱水机螺旋具有延时停机功能，保障系统停止运行后，叠螺机能够自行清理。

11）具有时间自主设定功能的喷淋系统，能够调节喷淋时间及喷淋间隔频率。

12）具有热过载保护功能，故障时能自动停止及报警。

(四)粉剂加药装置

加药装置主要用于给絮凝反应箱和液固分离微旋流器内加入混凝剂和助凝剂,为后级污泥减量处理创造有利条件。加药装置由加药箱体、搅拌减速机、计量泵、电磁阀、背压阀、流量计、压力表、阻尼器、液位计以及管道、阀门等配套设施组成,罐体材质为不锈钢304。混凝剂和助凝剂为粉剂。加药泵分成2组,每组可并联运行。

1. 设备原理

(1)混凝剂投加设备工艺流程及原理说明

清水从进水电动阀进入进水管系,减压阀将进水压力调整至0.3～0.6 MPa,流量调节阀将进水量控制在规定值后,清水进入浸润装置,与从干粉投加机投加的粉剂混合后进入溶解箱,经搅拌器充分混合搅拌后进入熟化箱,熟化箱中装有搅拌器,药液在该箱中经充分熟化后进入储液箱,最后由出药口输出。

溶液自动制备装置的三个间隔的箱体(溶解箱、熟化箱、储液箱)逐个连通,每个箱体间药液低进高出,避免了箱体的短流现象和熟化箱、储液箱中块状未溶物的产生,从而确保每个箱体中溶液的停留时间并获得均质化的药液配制。溶液自动制备过程通过储液箱中的低液位开关和高液位开关由电控箱实现。

配置好的药剂经过输送泵输送至投加点,同时本系统的投加装置中加入了在线稀释系统,可以通过计量泵将配置好的高浓度药液打入在线稀释装置,再通过高浓度药剂进口进入;动力水从在线稀释装置的进水口进入,依次通过Y型过滤器、截至阀、减压阀、电磁阀、浮子流量计和止回阀,并在管道混合器中和高浓度药剂混合均匀后,从低浓度药剂出口打出进入投加管道,再输送至投加点。进入投加点的药剂浓度由高浓度药剂流量和进水量来控制。

(2)助凝剂投加设备工艺流程及原理说明

助凝剂溶解比较快,基本上可以实现即配即用。所以,助凝剂箱体设置单箱即可:清水从进水电动阀进入进水管系,减压阀将进水压力调整至0.3～0.6 MPa,流量调节阀将进水量控制在规定值后,清水进入浸润装置,与从干粉投加机投加的粉剂混合后进入溶解箱,经搅拌器充分混合搅拌后溶解,然后由出药口输出。溶液自动制备过程通过储液箱中的低液位开关和高液位开关由电控箱实现。

配置好的药剂经过输送泵输送至投加点,同时本系统的投加装置中加入了在线稀释系统,可以通过计量泵将配置好的高浓度药液打入在线稀释装置,再通过高浓度药剂进口进入;动力水从在线稀释装置的进水口进入,依次通过Y型过滤器、截至阀、减压阀、电磁阀、浮子流量计和止回阀,并在管道混合器中和高浓度药剂混合均匀后,从低浓度药剂出口打出进入投加管道,并输送至投加点。进入投加点的药剂浓度由高浓度药剂流量和进水量来控制。

(3)设备特性

粉剂加药装置以其针对性的设计,采用严格的技术标准,满足《水处理用加药装置中国环境保护产品认定技术条件》(HCRJ 068—1999)。

连续自动的溶液制备功能,药液配制浓度可调,投加浓度恒定、准确;高度集成的一体化设备,只需现场电源和水源连接即可投入使用;安全可靠的运行保护;单体三箱的箱体结构,可保证最佳的熟化时间。独特的干粉投加系统;可有效防止团结现象;结构紧凑,占地面积小,操作简单;抗腐蚀性能好,与介质接触处全部采用工程塑料和不锈钢材质。粉剂投加均质装置如图

6 - 18 所示。

图 6 - 18　粉剂投加均质装置

　　本设备设置了干粉投加装置、进水系统、药剂投加系统、药剂箱。药剂箱内设置了液位计，可以依据液位高低自行控制进水系统和药剂投加系统的配制，保证设备可进行连续运行。

　　药剂箱内的清水从进水电动阀进入进水管系，减压阀将进水压力调整至 0.3～0.6 MPa，流量调节阀将进水量控制在规定值后，清水进入浸润装置，与从干粉投加机投加的粉剂混合后进入溶解箱，经搅拌器充分混合搅拌后进入熟化箱，熟化箱中装有搅拌器，药液在该箱中经充分熟化后进入储液箱，最后由出药口输出。

　　溶液自动制备装置的三个间隔的箱体溶解箱、熟化箱、储液箱逐个连通，每个箱体间药液低进高出，避免箱体的短流现象和熟化箱、储液箱中块状未溶物的产生，从而确保每个箱体中溶液的停留时间并获得均质化的药液配制。

　　溶液自动制备过程通过储液箱中的低液位开关和高液位开关由电控箱实现。

　　螺旋输送机内部如图 6 - 19 所示。干粉药剂加药斗如图 6 - 20 所示。

图 6 - 19　螺旋输送机内部

图 6-20 粉剂加药斗

干粉投加装置采用螺旋输送的形式进行输送,输送量稳定、可调(调节螺旋减速机频率可调节螺旋转速,从而调整输送量),便于配制稳定浓度的药剂,投加装置中设置了物位计、震动器、加热器。同时为了防止药剂板结造成药剂架桥,在螺旋轴上部设置机械搅拌(搅拌与螺旋输送共用一个减速机,采用链轮的形式进行传动,确保同步)。在干粉输送过程中,搅拌叶片同步旋转,在旋转的过程中可以将板结药剂破损开来,采用此方式可以有效降低设备故障率。

2. 设备控制说明

系统由液位来控制,当液位达到低液位时,加药螺旋电机启动,同时进水电动阀打开;当液位达到高液位时,加药螺旋电机停止,同时进水电动阀关闭。

1)设备电气具有漏电保护、过载保护功能,预留可靠接地。

2)加药装置具有自动诊断、工况优化、实时监测、故障预警、紧急切换等功能。

3)可手动及远程启停每台搅拌机、计量泵的启停。

4)对每具溶药罐进行液位检测,能实现超高、超低液位报警。

5)能实现低液位自动停泵。

6)可远程对加药泵、搅拌机状态进行监控,对其进行启停,对液位进行监控及对高低液位报警。

7)能实现药剂震动进料斗、电加热棒状态监控。

采用标准接口与上位机数据共享,即系统 PLC 模块预留 RS485 通信接口,采用 MODbus 协议。处理系统自动监控与油田自动控制系统兼容,通过通信协议实现远程数据通信的自动监控与监视功能。同时在 PLC 故障情况下,可以实现现场手动操作,设备发生故障时报警,提醒工作人员及时处理等功能。

第五节 采出水处理生化+过滤一体化集成装置

在利用单一废水处理技术工艺处理高浓度、高盐度、成分复杂或难降解等有机废水无法达到出水控制目标的情况下,通过实践和优化,发现将不同种处理工艺进行组合,发挥各单一处理技术工艺的优势,可以实现高效的污染物去除效果、低价的运行成本和最小化的二次污染。

长庆工程设计有限公司通过多年的先导试验、扩大试验、推广试验,研究发明了一种采出水生化＋过滤处理方法,其原理是利用微生物增殖、降解污油等有机物,使采出水得以净化。采出水生化处理流程监控如图6-21所示。

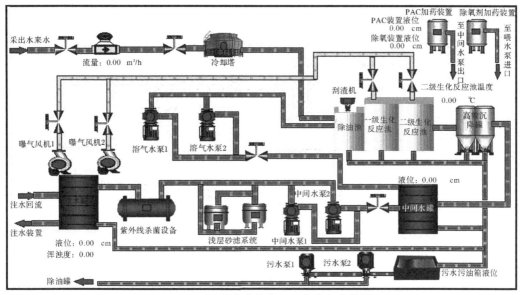

图6-21　采出水生化处理工艺流程监控图

采出水生化＋过滤处理工艺描述:来水进入除油池,如果微生物反应池温度超过35℃,则打开冷却塔进出口阀门。若污水温度过高,则打开冷却塔风机,污水经冷却后,进入气浮曝气除油池。当污水中含油量较高,除油池表面有浮油时,启动溶气水泵,启动刮渣机刮油。在微生物反应池中投加菌种,经过培养后,出水进入高效沉淀池,去除悬浮颗粒。沉淀池上清液至中间水池。中间水池出水通过泵加压进入浅层过滤器,过滤后的水经过紫外线杀菌器杀菌后进入清水箱。清水箱的水由注水泵回注。生化＋过滤采出水处理装置如图6-22和图6-23所示。

图6-22　生化＋过滤采出水处理装置整体图

图 6-23　生化+过滤采出水处理装置顶部图

　　针对长庆油田部分站场采出水水量和水质含油量波动范围大、系统在进入故障排水时容易受到大量浮油冲击等影响处理效果的问题,为了保证出水水质达标,采用预处理单元对浮油进行收集处理。采用涡凹气浮机及刮渣装置对污油及悬浮物进行浮选去除,去除废水中的浮油和悬浮物,当油田采出水发生事故排放时,此装置还能够对系统起到缓冲作用。同时设置电磁流量计及在线温度计,监控进水水量及温度。气浮预处理装置如图 6-24 和图 6-25 所示。

图 6-24　气浮预处理装置图(一)

图 6-25　气浮预处理装置图(二)

　　一级生物接触氧化池、二级生物接触氧化池和三级生物接触氧化池内均放置组合填料,同时接种筛选出来的本源高效嗜油菌,采用罗茨鼓风机供气、微孔曝气器曝气。池内设置组合填料,池底曝气对污水进行充氧,并使池体内污水处于流动状态,以保证污水与污水中的填料充分接触。

　　组合填料先以半软中心环[高密度聚乙烯(HDPE)注塑成型]为骨架,将用全新且有一定回弹性的高分子聚合物材料一次性注塑,再连同醛化维纶丝组合而成。用中心绳将组合填料单体串接,填料单体之间由塑料套管分隔。该填料骨架采用的是双片式结构,形成骨架间分布若干放射性枝条,具有一定的弹性能力,当填料成膜达到一定重量后,老化的生物膜就会自动脱落,填料就不会产生结球现象,且大大增加了填料的使用寿命。该填料能提高初期挂膜速度,具有一定的空隙可变、耐生物降解、耐冲击负荷等特点。

　　组合填料的功能:在有氧的条件下,污水与填料表面的生物膜反复接触,利用筛选出来的土著高效嗜油菌对采出水含油污染物进行生化降解。微生物填料如图6-26所示。

图6-26　生化池内微生物填料

　　高效斜板沉淀池,配套斜板填料及支架,进行泥水分离和污泥回流。生化反应池出水进入沉淀池,水流从下向上流动,所含的固体颗粒就沉淀在斜板组件上,最后滑入池底污泥斗,澄清液从斜板顶部溢出,通过出水堰汇集流出。沉淀池及配套设备如图6-27所示。

图6-27　沉淀池及配套设备

膜反应池处理单元由进水、膜处理、出水、清洗等几部分组成。微滤膜系统及内防腐处理装置如图6-28所示。

图6-28 微滤膜系统及内层防腐处理装置

膜单元标准运行程序如图6-29所示。

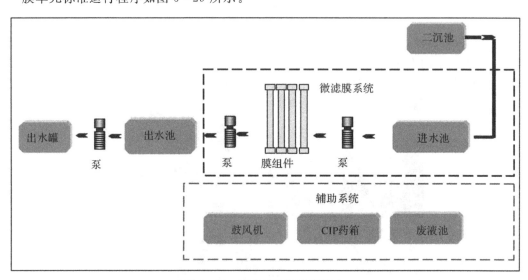

图6-29 膜单元标准运行程序

过滤/气洗程序:膜单元进行定流量过滤运行。膜系统通过产水管上的流量计检测产水量;通过控制自吸过滤泵的频率,稳定产水量。膜系统根据膜池液位的高低控制进水泵启停;根据产水量调整进水泵频率,使进水泵的流量和出水流量相匹配,减少进水泵启停次数。

反洗/气洗程序：为减少膜污染，应定期对膜丝进行物理清洗（通常 20～30 min/次）。系统首先继续运行自吸抽滤泵，降低膜池内液位；随后进行反洗，同时进行空气擦洗。为防止膜产水侧污染，反洗使用膜过滤水。反洗时间通常为 1 min。

就地清洗（Cleaning In Place，CIP）化学清洗程序：定期对膜丝进行化学清洗，减轻膜污染，恢复膜通量。CIP 化学清洗分为两步。第一步采用碱洗。将膜丝放入含有 3 000 mg/L NaClO 和（质量分数）4% NaOH 混合液中，浸泡 6 h。浸泡结束前 1 min，启动风机，对膜丝表面进行空气擦洗，将化学废液排入膜废液池。用膜系统产出水对膜丝进行反洗，洗除化学残液。第二步采用酸洗。将碱洗后的膜丝放入含有（质量分数）1% 柠檬酸和（质量分数）1% HCl 的溶液中，浸泡 2 h。浸泡结束前 1 min，启动风机，对膜丝表面进行空气擦洗，化学废液排入膜废液池。用膜系统产出水对膜丝进行反洗，洗除化学残液。碱洗废液和酸洗废液在膜废液池内混合，发生中和反应；添加盐酸，调节废液至中性，排放。膜系统通常每月进行一次化学清洗。

膜反应池的功能：进一步去除水中 SS 等，以达到油田回注水要求。

膜反应池的主要组成：①膜进水池，作用是调节膜处理单元与生物处理单元水量平衡，保证膜处理单元稳定运行；②膜池，作用是放置膜组件，并在膜池内进行必要的化学清洗；③膜出水池，作用是放置出水泵，将处理出水排放到净水罐；④清洗液配置池，作用是配置化学清洗药剂；⑤膜废液池作的用是中和清洗液。膜反应池的主要机泵如图 6-30 所示。

图 6-30 膜反应池的主要机泵

OD-MBR 反应器:膜组件置于其中,由膜元件、膜架、曝气系统、进气管、出水管等组成,用于清水与反应液的分离。反应器配备电控单元,确保整体设备应用的安全与稳定。

设备所用膜组件为中空纤维 PVDF(聚偏二氟乙烯)膜,运行模式为出水 7 min,停止出水 1 min。对于含油污水,出水期间膜通量为 8 L/(m² · h),平均运行膜通量为 7 L/(m² · h)。设备运行水温为 15～40℃。

OD-MBR 反应器内外结构示意如图 6 – 31 所示。

图 6 – 31 OD-MBR 反应器内外结构

生化＋过滤采出水处理装置如图 6 – 32 所示。

图 6 – 32 生化＋过滤采出水处理装置

第六节 采出水处理系统无人值守的实现

一、除油罐区

在除油罐区,沉降除油罐助排液吸水口、助排液进罐口、除油罐排泥口均设电动阀,能实现助排泵运行状态监测、出口压力监测以及远程启停控制等功能。污油回收装置具有连续液位监测、高液位连锁启动污油泵、低液位连锁停污油泵、超高超低液位报警等功能。

二、缓冲水罐净化水罐区

在缓冲水罐净化水罐区,缓冲水罐连续液位监测显示、高液位报警、低液位报警并连锁停采出水处理装置进口加压泵、超低液位报警,以上信号传至采出水处理装置和站控系统,实现采出水处理装置与缓冲水罐联动。

净化水罐连续液位监测显示、高液位报警、低液位报警并自动连锁依次停注水泵喂水泵、超低液位报警,以上信号传至站控系统,实现净化水罐与注水系统联动。

三、采出水处理装置

在采出水处理装置中,接收缓冲水罐低液位报警信号,联锁停采出水处理装置加压泵,设备自带 PLC,预留 RS485 接口,监测装置运行状态、反洗状态、进水实时流量累积流量、出水压力,以及各级过滤前后压差等,当压差大于设定值时,自动启动装置反洗泵,或设置固定过滤时间后自动启动反洗,信号上传至站控系统。装置运行反洗电动阀及机泵均可远程启停。

四、污水污泥池

污水污泥池连续液位监测、超高超低液位报警,高液位报警启动污水提升泵,低液位报警停污水提升泵,污水提升泵运行状态上传至站控系统,也可远程启停。

污泥池泥水界面液位连续监测、高低液位报警,污泥池上清液回流阀门设电动阀,池内静止后根据泥水界面液位远程开启上清液回流阀门,巡检人员定期进行污泥减量化及污泥拉运。

五、加药装置

加药装置液位连续监测远程启停,高液位报警停补水泵,低液位报警停加药泵。

第七章 采出水处理运行及管理

第一节 机构与职责

1）采油厂采油工艺研究所负责制定并完善厂、作业区两级采出水处理管理规定、采出水处理系统改造实施方案，检查政策落实及采出水处理水质达标情况，跟踪各项工作进度，组织季度水处理系统检查、考核与通报工作。

2）采油厂地质研究所负责制定、调整各项注水开发政策，进行采出水回注区域日常动态分析、开发效果跟踪评价。

3）采油厂设备管理科负责水处理设备运行管理，设备运行检查、维护与运行考核。

4）采油厂技术监督中心或技术质量科负责采出水处理能耗的监督及评估，提出节能改造方案。

5）采油作业区是水处理系统运行管理的责任主体单位，负责水处理管理工作的具体落实。①应成立采出水处理管理领导小组，并明确具体管理职责；②负责落实现场采出水处理管理，做好相关装置设施的运行、检查、维护与资料台账建立、数据录取工作；③负责水处理管理制度落实，做好水处理设备日常运行管理及维护工作；④制定水质超标运行应急预案，并上报厂业务主管单位备案，组织应急预案日常演练。

6）采油厂财务资产科负责每年从成本中列专项费用以对水处理设备日常维护更新等。

第二节 采出水处理系统运行管理

采出水处理目的是对上游脱水设施脱出的采出水，通过除油、杀菌、过滤等一系列处理措施，使处理后的采出水达到油田回注要求。

一、除油罐运行管理

1）除油罐进出水水质要求：在满足沉降时间 8～12 h 的条件下，进出水水质含油、悬浮物均应达到设计水质指标。如果发现进水水质超标，应及时对上游沉降罐或三相分离器进行调整与处理；如果发现除油罐出口水质不达标，应及时分析原因，调整工艺运行参数。

2）运行中需定期监测除油罐进出口含油量的变化，若连续监测到除油罐出口的含油指标比进口含油指标还差,应立即查明原因,必要时实施清罐,并对罐内设施进行检查维护,对连续使用年限大于一年的除油罐实施强制清罐。在清罐的同时,将未配套负压排泥装置的除油罐配套负压排泥装置。

3)应建立除油罐定期排污制度,一般为每 7～10 d 排泥一次,一次持续 5～10 min,具体间隔时间和排泥时长根据现场实际确定。进行排泥时应单罐操作,进行排泥的除油罐其正常流程停止。

4)定期检查收油管线是否畅通,确保正常收油。

二、气浮处理设备运行管理

1)气浮处理设备进出水水质要求:处理水量小于处理设备的额定处理能力,进出水水质含油、悬浮物情况应达到设计指标。若发现进口水质超标,要及时对前端的三相分离器或沉降罐、除油罐、调节罐进行检查,并及时恢复正常。

2)需根据来水水质情况,及时调整气浮装置加药浓度及溶气量。如果出水水质不合格,应检查药剂加量、溶气量是否正常。

3)每 2 h 检查一次制氮系统是否平稳安全运行,要求氮气浓度≥99％,供气压力不低于0.4 MPa。

4)每班检查一次溶气泵压力(溶气压力为 0.7 MPa),保证溶气效果。溶气泵不要频繁切换使用,以免溶气泵停运后内部存水,引起叶轮结垢,影响设备运行。停泵之后需关闭溶气泵进出口阀门,排空溶气泵内部的存水。

5)每班检查一次溶气管线、进气球阀和溶气释放器,保证其溶气水流动通畅;每周对溶气释放器和进气球阀进行清洗和除垢;每半年对管道反应器中的静态混合器进行酸洗。

6)每天检查一次刮渣机的链条、穿钉、销子,防止松动、脱落、断裂,并根据来水水质随时调整刮渣机的刮停运行时间。每天检查一次气浮排泥阀,并根据来水的含固量,随时调整排泥阀的起停运行时间。

7)每月对气浮装置的箱体内部进行清洗,及时清理设备内部杂质和污油。

三、微生物处理工艺运行管理

1)要求处理水量小于处理设备的额定处理能力,微生物反应池进出水水质含油、悬浮物情况应达到设计指标。若发现进口水质超标,要及时从前端沉降罐或三相分离器、除油罐、调节罐找原因,并及时恢复正常。如果短时间(3 d)不能解决,就需要逐步控制进微生物反应池进水量。

2)微生物反应池水温控制在 25～35℃之间,来水温度过高应启动冷却系统冷却降温,达标后方可进入微生物反应池。

3)确保鼓气系统正常运行,每 8 h 监测一次微生物反应池内溶解氧浓度,保证微生物反应池溶解氧浓度不低于 2 mg/L。

4)沉淀池每天排污一次,且排污时应依次开启阀门,直至排干净。

5)系统停用不得超过一个星期。若需停用一星期以上,则应采取妥善保护措施。

6)不得向微生物反应池内投加杀菌类药剂,以免影响微生物活性。

7)每天检查一次半软填料上附着微生物的生长情况,发生生长异常,应及时投加营养剂。

四、核桃壳过滤器运行管理

1)处理水量要小于处理设备的额定处理能力,核桃壳粗过滤器进出口水质含油、悬浮物情况应达到设计指标;核桃壳精细过滤器进出口水质含油、悬浮物情况应达到设计指标。进口水质不达标,要从前端处理环节查找原因。如水质超标严重,为避免滤料污染,需停用核桃壳过滤器,直至故障排除。

2)启动核桃壳过滤器前应仔细检查各闸阀、流程及机泵等设施,严格按照操作规程进行操作,运行中要定时启动排污阀进行排污。

3)严格执行核桃壳过滤器的反冲洗制度。核桃壳过滤器的一、二级滤料,每天必须循环反冲洗一次,冲洗时间要求在 15 min 以上;滤料污染严重时,需要加入浓度为 0.1%～0.3% 的表面活性剂,强化反冲洗效果。若强化反冲洗不能恢复或滤料板结,则应及时更换滤料。

4)定期检查过滤器内核桃壳滤料量,发现滤料破损、漏失较为严重时,要查明原因并及时补充。对循环搓洗式的过滤器每年需补充总量 15% 以上的滤料。

五、改性纤维球过滤器运行管理

1)处理水量要小于处理设备的额定处理能力,改性纤维球过滤器进出口水质含油、悬浮物情况应达到设计指标。若进口水质不达标,要从前端处理环节查找原因。如水质超标严重,为避免滤料污染,需停用改性纤维球过滤器,直至故障排除。

2)启动纤维球过滤器前应仔细检查各闸阀、流程及机泵等设施,严格按照操作规程进行操作,通过进出口阀门将进水量调节至设计进水量范围。

3)两级纤维球过滤器:当过滤器运行压力上升(进出口压差大于 0.2 MPa)或滤出水质下降时,应进行反冲洗。反冲洗时必须保证时间在 15～20 min,同时启动过滤器上的搅拌泵,打开排污阀进行操作。运行中,应根据出水口的水质情况,确定两级过滤的反冲洗周期及反冲洗时间。

4)三级纤维球过滤器:对每一级过滤器,根据出水含油指标制定不同的反冲洗周期及反洗时间。要求:一级过滤器每天反冲洗 2～3 次,每次 10～15 min;二级过滤器每天反冲洗 1～2 次,每次 10～15 min;三级过滤器每天反冲洗 1 次,每次 15～20 min。

5)纤维球过滤器运行中要定期检查纤维球的脱丝、跑漏情况,严重时应及时补充或维护。

六、膜超滤过滤器运行管理

1)严格按照膜超滤过滤器操作规程设置参数、启停设备、开关流程。

2)处理水量要小于处理设备的额定处理能力,膜超滤过滤器进出口水质含油、悬浮物均应达到设计指标。若进口水质不达标要从前端处理环节查找原因。如水质超标严重，为避免膜污染，需停用膜超滤过滤器，直至故障排除。

3）当跨膜压差达到一定值（120 kPa）后，务必对膜进行清洗。清洗结束后，务必将清洗液排放，膜组件中不允许存水、清洗液、料液。一般 5～7 d 左右清洗一次，如果通量一直不降低，跨膜压差一直小于 0.08 MPa，则不需要清洗（若此种状态保持 15 d，则需要停机清洗，根据实际情况灵活操作）。

4）运行维护时，严格按操作权限执行操作，不可随意越权更改、设置设备运行参数。服务器密码也由专人负责修改和保管，定期更改，并不得随意传播。

5）设备运行时，定时巡检设备各出口压力、流量、温度等参数，并做好记录，发现异常，待故障排除后，密切监视系统的运行状态（包括指示灯、显示状态），确认系统工作正常后，通知工艺人员恢复正常操作，并填写故障处理记录。

七、一体化水处理装置运行管理

1）严格按照一体化水处理设备操作规程设置参数、启停设备、开关流程。

2）要求每天对过滤器排污一次，每运行 24 h 对过滤器进行定时反洗，详细记录排污反洗时间，每天最后一次反洗后取过滤器出口水质化验并记录，要求含油量、悬浮物达到设计指标。

3）每天巡查一体化水处理装置泵、闸阀及内部附件的运行情况，发现问题及时检修、维护，确保设备正常运行。

4）每季度对滤料进行检查，发现滤料漏失要及时补充。根据出口水质及滤料使用情况，每 1～2 年对滤料进行一次系统检查，必要时进行更换。

5）一体化水处理装置应连续运行定时反冲洗，不得随意关停，长时间停用时要对处理器内滤料进行清洗处置，防止滤料板结、失效。

八、采出水储水罐运行管理

1）采出水处理系统储罐（调节采出水罐、净化采出水罐等）必须每天排污一次。

2）储罐进出口、溢油、排污管线必须保持畅通。

3）正常情况下，储罐每连续运行两年清罐一次，同时视罐内情况做相应维护。清罐作业时要做好相应的台账记录，拍照存档，注明污泥处置去向，确保清罐污泥环保处理。

九、干化池及其他油泥处理系统运行管理

1）干化池要保证渗滤畅通、交替使用。干化池原则上每半年清理一次，发现难以渗滤情况，则随时清理。

2）配备有油泥处理装置的站点，根据站内污泥产出量制定合理运行制度，运行结束后要严格按照有关操作规定进行反冲洗及保养。脱水的油泥要按照要求送往油泥处置点作环保无害化处置。

十、杀菌剂投加管理

加药点应设置在沉降罐出口（或沉降罐水层），加药量不足时可在净化水罐进口补加。采出水处理站必须采用两种杀菌剂交替投加，交替周期为 15 d。杀菌剂要求每天投加一次，采用冲击式投加；每天投加必须在 2~4 h 内完成；投加浓度为 80~100 mg/L，用清水配制。

十一、缓蚀阻垢剂投加管理

缓蚀阻垢剂的投加采用连续投加的方式，投加浓度为 20~50 mg/L，投加部位为沉降罐（三相分离器）出水管线出口。

十二、投加药量

投加药量按全天水量确定：

加药量(kg)＝加药浓度(mg/L)×站内日处理水量(m³)×10^{-3}/药剂商品浓度(100%)

十三、饼式气囊运行管理

1）储水罐液位不能低于 1.0 m。
2）支撑滑轮每半年加一次润滑油，发现钢丝有断裂则及时维修。
3）每 5 d 上罐顶检查一次饼式气囊，发现气囊有破损、卷曲或与罐壁接触不良，则及时停罐维护。

第三节　水　质　管　理

为确保油田注水水质达标，采油单位应依据油田公司水系统管理办法编制采油单位水质管理细则，制定切实可行的水质运行考核制度及水质超标应急预案，每季度组织水质运行检查，每半年组织厂内考核通报。油田公司在每年的水质现场抽查中重点检查采油单位各级水质管理考核制度的落实情况。

一、油田采出水水质监测及要求

为确保油田回注采出水水质达标，油田采出水水质实行三级分析监测制度，具体要求如下：

1）集中处理站：对沉降罐出口、除油罐出口、主要采出水处置装置出口、过滤器出口的水质，每天取样分析 1 次；监测项目至少包括含油量、含悬浮物量。

2)采油作业区:对所属联合站或集中处理站沉降罐出口、除油罐出口、主要采出水处理装置出口、过滤器出口、每条注水干线上注水井口最远端(选1~2口代表井)的水质,每月取样分析1次;监测项目至少包括含油量、含悬浮物量。

3)采油厂:采油厂中心化验室对每座联合站或集中处理站的沉降罐出口、除油罐出口、过滤器出口、净化水罐出口、每条注水干线上最远端注水井口(选1~2口代表井),每季度各取样分析1次。监测项目包括含油量、含悬浮物量、粒径中值,硫酸盐还原菌、铁细菌、腐生菌含量和腐蚀速率。

4)油田公司:组织区域监测中心,对联合站或集中处理站的沉降罐出口、除油罐出口、过滤器出口、净化水罐出口、注水井口(选1~2口代表井),每季度取样分析1次,取样数不低于采出水处理场站数的10%。监测项目包括含油量、含悬浮物量,粒径中值,硫酸盐还原菌、铁细菌、腐生菌含量和腐蚀速率。

二、采出水处理系统运行管理

采出水处理系统按照"两线三色"管理制度运行管理,具体要求如下:

当水质检测指标≤规定注水水质标准时为正常运行,处于水质管理的"绿色"运行区域,此阶段的管理重点是落实各环节日常管理要求,正常运行;当水质检测指标超过规定注水水质标准(即绿色线)但超标幅度小于50%时,处于黄色预警管理运行区域,此阶段的管理要求是作业区向采油厂主管单位每天上报水质运行状况及处理措施,启动生产应急预案,按照水质节点运行管理要求,逐个生产运行节点查找水质超标的原因,落实应急预案管理要求,尽快恢复水质节点运行目标,直至水质指标达标;当检测指标超过规定注水水质标准50%(即红色线)时,处于红色预警管理运行区域,此阶段的管理要求是由采油厂主管单位派出工作组现场督办水质运行状况,并向油田公司主管部门每天上报水质超标运行情况及处置措施,启动厂级水质超标应急预案,落实超标原因、及时调整运行参数和运行措施,直至水质达标。

第四节　考核与监督

一、基础管理考核

基础管理主要考核内容有标准及规定执行、制度建设、资料管理三方面。

1)标准及规定执行主要考核内容为是否认真执行上级相关部门有关标准、规范、文件、办法、通知及各项指令等。

2)制度建设主要考核内容为是否制定厂、作业区两级注水水质考核细则、资料管理制度,以及生产过程中的执行、落实情况。

3)资料管理主要考核内容为水质化验报表、设备维护台账等各项资料是否齐全,资料录取、填写、上报是否准确、及时、规范,及是否妥善保存(可电子版存档)。

二、运行管理考核

运行管理主要考核内容包含罐、过滤器运行维护，污油池及油泥池清理维护，加强装置运行维护，仪器仪表完好率和采出水有效回注率等方面。

三、水质管理考核

水质管理主要考核内容包含化验管理、水质达标情况等方面。

四、年度计划完成情况考核

年度计划完成情况主要考核内容包含采出水处理系统维护改造项目完成情况等。

采油厂按要求将水质监测结果报油田开发处。全厂站点出站综合水质达标率月度监测连续两次低于80%或水质异常超标的，井口综合水质达标率月度监测连续两次低于75%的，在全油田通报，并且油田公司组织召开专题会分析原因。

油田公司每年组织对采油单位油田采出水处理地面生产进行考核评比，考核结果在全油田通报。水质指标考核采取100分制：各厂上报水质占水质总分的80%，油田公司水质抽检占水质总分的20%。

第八章　应用情况、评价与展望

第一节　应 用 情 况

截至 2020 年 11 月底，长庆油田目前应用的"沉降除油＋气浮除油＋过滤""沉降除油＋生化除油＋过滤"采出水处理站场共计 103 座。分区统计见表 8-1。

表 8-1　长庆油田采出水处理水质提升站场一览表

油 区	主体工艺	涉及站场/座
陇东油区	沉降除油＋气浮＋过滤	42
	沉降除油＋生化＋过滤	17
陕北油区	沉降除油＋气浮＋过滤	24
	沉降除油＋生化＋过滤	20
合计		103

第二节　采出水处理工艺评价

针对陇东油区部分采出水处理工艺实施项目进行评价。

一、检测分析

2017 年陇东油区主要采用"沉降除油＋生化＋过滤""沉降除油＋气浮＋过滤"两种主体处理工艺，依托油田管辖检测单位及第三方检测单位分别在试运行阶段和投产初期对投运站场进行水质进行检测和分析。下面给出第三方检测的相关数据。

2017 年陇东油区采用"沉降除油＋生化＋过滤"工艺的站场 6 座，第三方检测单位对南梁集油站、环二联合站、环五接转注水站、庄三联合站、环一联合站、宁 53 拉油注水站 6 座站场开展了水质取样和检测工作。采用"沉降除油＋生化＋过滤"工艺的部分站场统计见表 8-2。

表 8-2 采用"沉降除油+生化+过滤"工艺的站场一览表

序号	建设模式	站场	规模/(m³/d)	工艺	备注
1	常规模式	南梁集油站	1 000	生化+过滤工艺	采油二厂
2	常规模式	环一联合站	1 500	生化+过滤工艺	采油七厂
3	常规模式	环二联合站	1 000	生化+过滤工艺	采油七厂
4	橇装集成装置	环五接转注水站	300	生化+过滤工艺	采油七厂
5	橇装集成装置	宁53拉油注水站	300	生化+过滤工艺	采油十二厂
6	橇装集成装置	庄三联合站	500	生化+过滤工艺	采油十二厂

南梁集油站:处理层位长4+5,设计规模1 000 m³/d,处理水量700 m³/d,开展了两次现场取样。南梁集油站运行情况见表8-3。

表 8-3 南梁集油站运行情况监测数据

控制指标	三相分离器出口		沉降除油罐出口		生化处理设施出口			两级过滤器出口			备注
	石油类物质含量 mg/L	悬浮物含量 mg/L	石油类物质含量 mg/L	悬浮物含量 mg/L	石油类物质含量 mg/L	悬浮物含量 mg/L	粒径中值 μm	石油类物质含量 mg/L	悬浮物含量 mg/L	粒径中值 μm	
设计参数	≤300	≤300	≤100	≤100	≤30	≤30	—	≤6	≤2	≤1.5	
1	304.5	204.3	208.6	146.7	14.2	18.9	4.47	11.1	12.2	0.694	
2	366.4	247.5	198.8	154.0	18.4	18.4	4.98	9.9	11.3	0.732	2017.9.7
3	443.6	257.6	237.2	151.8	12.8	19.6	5.17	10.8	14.1	0.755	
平均值	371.5	236.5	214.9	150.8	15.1	19.0	4.87	10.6	12.5	0.727	
1	549.4	76.5	437.3	64.5	10.0	6.5	—	1.5	1.7	—	
2	570.4	65.5	407.8	65.5	11.1	10.5	—	2.5	3.3	—	2017.10.31
3	519.1	81.5	450.3	71.5	8.7	8.5	—	6.6	3.4	—	
平均值	546.3	74.5	431.8	67.2	9.9	8.5	—	3.5	2.8	—	

环五接转注水站(简称"环五转"):处理层位侏罗系(延6、延8、延9、延10),设计规模300 m³/d,处理水量300 m³/d,采用橇装生化装置,开展了两次取样。环五转运行情况见表8-4。

表 8-4 环五转运行情况监测数据

控制指标	三相分离器出口		沉降除油罐出口		生化处理设施出口			两级过滤器出口			备注
	石油类物质含量 mg/L	悬浮物含量 mg/L	石油类物质含量 mg/L	悬浮物含量 mg/L	石油类物质含量 mg/L	悬浮物含量 mg/L	粒径中值 μm	石油类物质含量 mg/L	悬浮物含量 mg/L	粒径中值 μm	
控制指标	≤300	≤300	≤100	≤100	≤30	≤30	—	≤6	≤2	≤1.5	
1	241.9	68.9	45.5	66.7	5.1	2.8	10.80	1.8	1.7	0.94	
2	205.3	69.7	82.9	67.8	5.1	3.5	10.60	1.2	2.0	1.55	2017.9.14
3	187.2	71.1	79.9	69.8	4.9	3.1	17.00	1.4	1.9	1.19	

续 表

控制指标	三相分离器出口		沉降除油罐出口		生化处理设施出口			两级过滤器出口			备注
	石油类物质含量 mg/L	悬浮物含量 mg/L	石油类物质含量 mg/L	悬浮物含量 mg/L	石油类物质含量 mg/L	悬浮物含量 mg/L	粒径中值 μm	石油类物质含量 mg/L	悬浮物含量 mg/L	粒径中值 μm	
平均值	211.5	69.9	69.4	68.1	5.0	3.1	12.80	1.5	1.9	1.23	
1	—	—	66.1	74.8	0.0	2.9	—	—	—	—	
2	—	—	60.8	44.2	0.0	2.0	—	—	—	—	2017.11.7
3	—	—	64.7	87.9	0.0	1.6	—	—	—	—	
平均值	—	—	63.9	69.0	0.0	2.2	—	—	—	—	

根据检测数据分析,采用"沉降除油＋生化＋过滤"工艺的站场,进水水质达标,正常运行的站场运行效果比较稳定,经过过滤处理后部分站场达标,部分站场含油量为6～10 mg/L,悬浮物含量为2～10 mg/L。部分采用"沉降除油＋生化＋过滤"工艺的站场运行情况见表8-5。

表8-5 部分采用"沉降除油＋生化＋过滤"工艺的站场运行情况

控制指标	三相分离器出口		沉降除油罐出口		生化处理设施出口			两级过滤器出口			备注
	石油类物质含量 mg/L	悬浮物含量 mg/L	石油类物质含量 mg/L	悬浮物含量 mg/L	石油类物质含量 mg/L	悬浮物含量 mg/L	粒径中值 μm	石油类物质含量 mg/L	悬浮物含量 mg/L	粒径中值 μm	
设计参数	≤300	≤300	≤100	≤100	≤30	≤30	—	≤6	≤2	≤1.5	
环二联	223.4	114.4	14.4	15.1	22.5	26.0	3.12	11.2	6.5	0.914	2017.9.14
南梁集油站	371.5	236.5	214.9	150.8	15.1	19.0	4.87	10.6	12.5	0.727	2017.9.7
环五转	211.5	69.9	69.4	68.1	5.0	3.1	12.80	1.5	1.9	1.23	2017.9.14

2017年陇东油区采用"沉降除油＋气浮＋过滤"工艺的站场有14座,对城三接转注水站、环十七接转注水站、环三联合站等6座站场进行了水质取样和检测分析,其余站场因工艺和规模基本相同,未进行水质分析检测。采用"沉降除油＋气浮＋过滤"工艺的部分站场统计情况见表8-6。

表8-6 采用"沉降除油＋气浮＋过滤"工艺的站场一览表

序号	建设模式	站场	规模/(m³/d)	工艺	备注
1	橇装集成装置	城三接转注水站	长6:300,侏罗系:200	气浮＋过滤工艺	采油二厂
2	橇装集成装置	西259脱水站	600	气浮＋过滤工艺	采油二厂
3	橇装集成装置	环十七接转注水站	400	气浮＋过滤工艺	采油七厂
4	橇装集成装置	环二接转注水站	200	气浮＋过滤工艺	采油七厂
5	橇装集成装置	环七接转注水站	200	气浮＋过滤工艺	采油七厂
6	橇装集成装置	环八接转注水站	400	气浮＋过滤工艺	采油七厂
7	橇装集成装置	环十接转注水站	600	气浮＋过滤工艺	采油七厂
8	橇装集成装置	环三联合站	500	气浮＋过滤工艺	采油七厂

续 表

序号	建设模式	站场	规模/(m³/d)	工艺	备注
9	集成装置	庆二联合站	2000	气浮＋过滤工艺	采油十厂
10	橇装集成装置	庆四联合站	500	气浮＋过滤工艺	采油十厂
11	橇装集成装置	镇四联合站	500	气浮＋过滤工艺	采油十一厂
12	橇装集成装置	庄一接转注水站	400	气浮＋过滤工艺	采油十二厂
13	橇装集成装置	庄二接转注水站	200	气浮＋过滤工艺	采油十二厂
14	橇装集成装置	庄五接转注水站	300	气浮＋过滤工艺	采油十二厂

庄五接转注水站:处理层位侏罗系,采出水处理采用"沉降除油＋气浮＋过滤"工艺,设计规模 300 m³/d,处理水量 210 m³/d,2017 年 9 月 25 日进行现场采样。庄五转运行情况见表 8-7。

表 8-7　庄五转运行情况监测数据

控制指标	三相分离器出口		沉降除油罐出口		生化处理设施出口			两级过滤器出口			备注
	石油类物质含量 mg/L	悬浮物含量 mg/L	石油类物质含量 mg/L	悬浮物含量 mg/L	石油类物质含量 mg/L	悬浮物含量 mg/L	粒径中值 μm	石油类物质含量 mg/L	悬浮物含量 mg/L	粒径中值 μm	
设计参数	≤300	≤300	≤100	≤100	≤30	≤30	—	≤6	≤2	≤1.5	
1	495.6	254.8	7.6	38.5	9.7	17.6	—	3.7	12.5	0.761	2017.9.25
2	143.3	87.3	5.6	23.0	6.9	14.4	—	4.7	11.2	0.705	
3	133.9	100.0	5.6	24.8	6.1	15.8	—	4.1	10.3	0.617	

城三接转注水站(简称"城三转"):处理层位为侏罗系,采出水处理采用"沉降除油＋气浮＋过滤"工艺,侏罗系设计规模 200 m³/d,处理水量 120 m³/d,2017 年 9 月 18 日第一次现场采样,2017 年 10 月 22 日第二次现场采样。城三转运行情况见表 8-8。

表 8-8　城三转运行情况监测数据

控制指标	三相分离器出口		沉降除油罐出口		生化处理设施出口			两级过滤器出口			备注
	石油类物质含量 mg/L	悬浮物含量 mg/L	石油类物质含量 mg/L	悬浮物含量 mg/L	石油类物质含量 mg/L	悬浮物含量 mg/L	粒径中值 μm	石油类物质含量 mg/L	悬浮物含量 mg/L	粒径中值 μm	
设计参数	≤300	≤300	≤100	≤100	≤30	≤30	—	≤6	≤2	≤1.5	
1	312.8	193.7	21.7	17.0	24.8	24.0	3.13	13.1	6.9	1.03	2017.9.18
2	219.4	88.5	9.5	15.5	19.8	22.7	3.69	6.5	6.6	0.903	
3	138.1	61.0	11.9	12.8	22.8	31.3	2.54	14.1	6.1	0.809	
平均值	223.4	114.4	14.4	15.1	22.5	26.0	3.12	11.2	6.5	0.914	
1	38.4	29.6	13 451	9 152	4 536	1 541	—	7.9	8.4	—	2017.10.22
2	47.8	31.5	12 687	8 551	4 174	1 628	—	8.7	6.7		
3	34.3	22.6	11 025	7 652	3 223	1 362	—	3.9	8.1		
平均值	40.2	27.9	12 388	8 452	3 978	1 510	—	6.8	7.7	—	

根据运行数据分析,采用"沉降除油＋气浮＋过滤"工艺的站场,进水水质达标,正常运行的站场运行效果比较稳定,经过过滤处理后经过过滤处理后部分站场基本达标,部分站场含油量为 6～10 mg/L,悬浮物含量为 2～10 mg/L。部分采用"沉降除油＋气浮＋过滤"工艺的站场运行情况见表 8-9。

表 8-9　部分采用"沉降除油＋气浮＋过滤"工艺的站场运行情况

控制指标	三相分离器出口		沉降除油罐出口		生化处理设施出口			两级过滤器出口			备注
	石油类物质含量 mg/L	悬浮物含量 mg/L	石油类物质含量 mg/L	悬浮物含量 mg/L	石油类物质含量 mg/L	悬浮物含量 mg/L	粒径中值 μm	石油类物质含量 mg/L	悬浮物含量 mg/L	粒径中值 μm	
设计参数	≤300	≤300	≤100	≤100	≤30	≤30	—	≤6	≤2	≤1.5	
城三转(侏罗)	223.4	114.4	14.4	15.1	22.5	26.0	3.12	11.2	6.5	0.914	2017.9.14
庆四联	191.4	83.0	15.8	79.6	19.3	23.7	—	5.2	36.0	0.727	2017.11.24
庄五转	257.6	147.4	6.3	28.8	7.6	15.9	—	4.2	11.3	0.69	2017.9.25

这个数据分析结果与油田公司所辖检测单位以及采油厂的分析检测的数据基本是吻合的,达到了预期的目标。

陇东油区采出水处理站场已经过 2～3 年的运行,目前各采油厂日常进行水质取样和检测分析。根据检测、分析数据,可知站场经过两级过滤后出水含油量为 3.9～40 mg/L,悬浮物含量为 5.5～40 mg/L,粒径中值为 2.0～10 μm。

二、运行分析

从前期已经投运站场的反馈情况来看,在来水保证含油量≤300 mg/L、悬浮物含量≤300mg/L 情况下,系统运行平稳、无措施返排液等其他废水进入、排泥系统运行正常、后续污泥得到有效处理、过滤器运行反洗正常,处理指标稳定达标。要保证采出水处理系统能稳定运行和达标,还要考虑上游来液平稳性、节点管理措施是否落实到位、有无措施返排液进入等因素。

一是上游来液不平稳,会造成处理水质波动。部分站场采出水装置处理水量忽高忽低,处理水质易超标。

二是节点措施落实不到位,会造成处理水质波动。如过滤器反冲洗、加药、排污排泥等措施落实不到位,不能保证各节点水质达标,给采出水装置增加负担。

三是污泥污水池后续处置不及时,会造成处理水质波动。全站各点的排污均进入污泥污水池,受清淤手段限制,污泥污水池长期不清淤,污水提升至除油罐造成系统二次污染。

四是注水井口水质恶化,沿程设施管道存在污染,油黏附于管道内部或腐蚀产物及污垢上,导致后端井口水质指标超标。

对已投产运行站场检测数据进行初步分析,发现处理工艺符合相关指标要求,基本达到的预期的处理效果。但还需要进一步强化设备设施的运行、维护,持续跟进、不断改进和完善。

第三节　技　术　展　望

长庆油田按照设计标准化、工艺集成化的原则对采出水处理工艺进行了完善,并对其进行了设备集成研究,形成了主体的采出水处理工艺,管理方便,能耗低,适应了长庆油田低成本大规模开发的要求,但还需进行进一步完善和优化。主要从以下几方面开展工作。

一、加快实施污泥机械清掏及原位减量化

沉降除油罐排出的排泥进入污水污泥池,若不及时对污泥进行清掏和后续减量化处置,污泥会随着上清液进入污水池最终进入除油罐,形成污泥在除油罐内和采出水处理系统的聚集和循环局面,影响后期除油罐和系统的正常运行。因此需要定期对污泥池内简单浓缩后的污泥进行清掏,并配套开展减量化,大幅度减少拉运体积及拉运费用,既降本增效,又减小员工操作强度。

二、污水池出水预处理

污水污泥池不仅接收沉降罐、三相分离器的排污,还要接受沉降除油罐的负压排泥和过滤装置的反洗排污,甚至会接受井场两池的污油污水、措施作业以及酸化作业的废水,水质复杂、水质差。若过滤反洗排水直接进入污水池,由于污水池池容较小,停留时间短,未经彻底的沉降,而直接通过污水提升泵提升至除油罐,则会影响沉降除油罐的正常运行,使采出水处理系统出水水质变差。因此需对存在这种现象的污水池的污水进行混凝预处理,使上清液进入沉降除油罐,避免污染除油罐。

三、探索形成专业化的运维人员和组织

水处理装置前期一般由生产厂家管理,后期交由采油厂管理后,由于岗位调整及人员流动,现有岗位员工技术水平可能无法满足现有管理和技术的要求,以致维护渠道不畅通,装置出现故障后维修不及时或维护不到位,影响装置整体的运行。下一步可探索成立专业化的水系统运行人员和维护组织,通过开展技术培训和业务学习,逐步提升专业化的水平和能力,确保后期系统维护和管道到位,发挥系统最大的能力和水平,全面提升水系统的运维水平。

四、加强沿程水质管控,减少二次污染

处理合格水质经管道输送至注水井口回注时,部分井口注水水质恶化明显,主要原因在于,沿程设施管道存在污染,油黏附于管道内部或腐蚀产物及污垢上,形成油泥,达标水流经时,携带管壁上的油泥,导致后端水质含油量升高;注水管线长期不清洗,管道及构筑物中腐蚀产物、垢以及污泥的存在,使水在运移过程中携带部分颗粒物,导致悬浮物含量增加。下一步,针对目前注水管线清洗时间长、难度大等情况,研究站外注水管线及配套设施的高效清洗、维护技术。

参 考 文 献

[1] 朱国华,沈克勤.低渗透油田注水水质研究[J].石油天然气与地质,2004,25(3):68-71.

[2] 王亮.低渗透油藏注水水质指标及采出水处理专家系统研究[D].成都:西南石油学院,2004.

[3] 王小琳,武平仓,向忠远.长庆低渗透油田注水水质稳定技术[J].石油勘探与开发,2002,29(5):77-79.

[4] 李海涛.悬浮颗粒对砂岩储层吸水能力影响评价[J].西南石油学院学报,2006,28(5):47-49.

[5] 张志远.油田注入水中细菌的类型及危害[J].四川师范大学学报,2003,26(2):188-192.

[6] 唐受印,戴友芝.水处理工程师手册[M].北京:化学工业出版社,2000.

[7] 汤林,张维智,王忠祥,等.油田采出水处理及地面注水技术[M].北京:石油工业出版社,2017.

[8] 汤林.油气田地面工程关键技术[M].北京:石油工业出版社,2014.

[9] 文红星,林罡,张小龙.鄂尔多斯盆地低渗透油田地面工艺技术[M].北京:石油工业出版社,2015.

[10] 李永军,夏政.长庆低渗透油田油气集输[M].北京:石油工业出版社,2011.

[11] 冯永训.油田采出水处理设计手册[M].北京:中国石化出版社,2005.

[12] 赵庆良,李伟光.特种废水处理技术[M].哈尔滨:哈尔滨工业大学出版社,2003.

[13] 刘德绪.油田污水处理工程[M].北京:石油工业出版社,2001.

[14] 陆柱,蔡兰坤,陈中兴,等.水处理药剂[M].北京:化学工业出版社,2002.

[15] 张翼,林玉娟,范洪福,等.石油石化工业污水分析与处理[M].北京:石油工业出版社,2006.

[16] 李圭白,张杰.水质工程学[M].北京:中国建筑工业出版社,2005.

[17] 康勇,罗茜.液体过滤与过滤介质[M].北京:化学工业出版社,2008.

[18] 潘新建,朱立明,王金玉,等.高矿化度油田采出水危害性分析[J].油气田环境保护,2013,23(2):10-13.

[19] 潘新建,伏渭娜,种法国,等.油田采出水超声破乳除油工艺[J].油气田地面工程,2013,32(5):17-18.

[20] 潘新建,郭志强.油气地面工程科技成果专辑:长庆低渗透油田采出水处理工艺技术[M].哈尔滨:黑龙江科学技术出版社,2002.

[21] 刘利群,刘春江,潘新建,等.油气地面工程科技成果专辑:西峰油田地面建设工艺技术研究[M].北京:石油工业出版社,2006.

[22] 王香增.低渗透油田开采技术[M].北京:石油工业出版社,2012.

［23］苑宝玲,王洪杰.水处理新技术原理与应用［M］.北京:化工工业出版社,2007.

［24］黄俊英.油气水处理工艺与化学［M］.东营:中国石油大学出版社,2007.

［25］凌心强,李时宣,张颜博,等.长庆油田的四化管理模式［J］.油气田地面工程,2011,30
　　　(1):8-10.

［26］韩建成,杨拥军,张青士,等.长庆油田标准化设计、模块化建设技术综述［J］.石油工程建
　　　设,2010,36(2):75-79.

［27］王国柱.长庆油田采出水处理工艺优化研究［D］.青岛:中国石油大学(华东),2018.

［28］崔斌,赵跃进,赵锐,等.长庆油田采出水处理现状及发展方向［J］.石油化工安全环保技
　　　术,2009,25(4):59-61.

［29］王国柱,白剑锋,薛洁,等.低渗透油田采出水处理系统工程设计［J］.工业用水与废水,
　　　2009,40(2):86-87.

［30］王莉娜,王春辉,种法国.低渗透油田采出水OD-MBR生物膜处理技术研究［J］.石油和
　　　化工设备,2018(8):103-105.

［31］杜杰.低渗透油田采出水处理技术现状及改进［J］.内蒙古石油化工,2014(5):99-100.

［32］苏新颖.特低渗透油田采出水油水乳状液稳定性及破乳技术研究［D］.哈尔滨:哈尔滨工
　　　业大学,2008.